幼虫	蛹	成虫

成長の時期	**体の構造をつくりかえる時期**	生息域の拡大と繁殖の時期

口絵 II-2 章　オオムラサキ（*Sasakia charonda*）の変態
　チョウや甲虫，ハチ，ハエなどは，幼虫から蛹を経て成虫になる．この変態様式を完全変態という．完全変態昆虫では，蛹の時期に体の構造を全面的につくりかえることにより，幼虫と成虫がまったく違う姿を取ることができる．それにより，幼虫が成長，成虫が生殖と生息域の拡大というようにステージ間で分業を行うことができ，また，食性を変えることで幼虫，成虫間で餌をめぐった競合を避けることもできる．このように完全変態は非常に効率の良い成長システムであり，完全変態の獲得により昆虫は大きく繁栄した．

口絵 II-3 章　ワタリガニ科のガザミ（*Portunus trituberculatus*）の変態
　ゾエア 4 齢（写真はゾエア 3 齢，左上）が脱皮をするとメガロパ（右上）に変態し，メガロパが脱皮をすると幼ガニ 1 齢（下）に変態する．（撮影：小嶋光浩氏）

口絵 II-4 章　水槽の砂底から体の前方を出しているナメクジウオ
（*Branchiostoma japonicum*）

卵黄仔魚（孵化後 1.5 日）　　　　　仔魚（孵化後 3.5 日）

仔魚（孵化後 19 日）　　　　　稚魚（孵化後 48 日）

口絵 II-5 章　ヒラメ（*Paralichthys olivaceus*）の発生にともなう形態変化
　卵黄仔魚（孵化後 1.5 日，全長 2.8 mm），仔魚（孵化後 3.5 日，卵黄吸収完了直前，全長 3.5 mm），仔魚（孵化後 19 日，変態直前，全長 8.1 mm），および稚魚（孵化後 48 日，全長 13.0 mm）．変態前の仔魚は，鰭条（図中の稚魚の尾鰭などにみられるような線状構造）のない膜鰭のみをもつ．甲状腺ホルモンが中心となって変態が起こり，左右対称な仔魚から左右非対称な稚魚へと形態や生理・生態を変化させる．（田川正朋原図）

口絵 II-6 章　両生類の変態にともなう形態変化
　アフリカツメガエル（*Xenopus laevis*）の変態の様子．幼生の皮膚は透明で血管などが透けて見える（左下）．変態最盛期（NF-stage62 から 63 付近）の尾が退縮し始めた幼生（中央）．尾は一週間ほどで完全に退縮する．成体になると皮膚は最上層が哺乳類と同じく角質化し（図 6.4 参照のこと），模様ができる（右上）．

口絵 Ⅱ-7章 孵化後1日目のニワトリ（*Gallus gallus domesticus*）雛
くちばしの先端の白い三角形の構造物は卵歯と呼ばれるもので，これで鈍端（卵殻の丸い方の先端）近くを打ち破り，頭部で卵殻を押し破って孵化する．ニワトリは早成性（本文参照）の鳥で，孵化後の雛は自分である程度の体温調節ができるが，白熱電球をつけて保温を助けている．

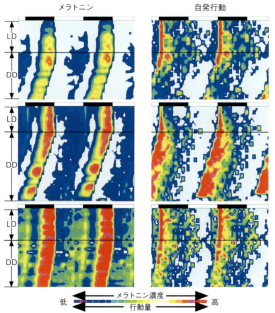

口絵 Ⅱ-8章 マウス（*Mus musculus*）松果体からのメラトニン分泌リズムと自発行動の概日リズム
マウス（CBA/N 系統）を明暗条件（LD）下で飼育した後，恒暗条件（DD）に光条件を変更した．松果体からマイクロダイアリシスにより試料を連続採取し，高速液体クロマトグラフィーによりメラトニン量を測定した．同時に赤外線センサーで自発行動を記録した．ダブルプロット法（左右に2日分のデータを示し，上下に1日ずつずらしたデータを貼付ける表示法）により3個体のデータが示されている．メラトニン分泌も自発行動も明暗条件下では24時間周期の日周リズムを示したが，恒暗条件下では徐々に左方にピーク時刻がずれていく．これはマウスの概日リズムの周期が約23時間のためである．（引用文献 8-1 より改変．Copyright (2003) National Academy of Sciences, U.S.A.）

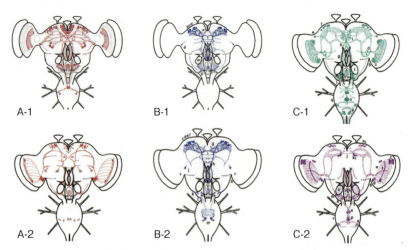

口絵 Ⅱ-9章 概日系に関与する可能性のあるニューロンの配置に見られる可塑性
A-1, B-1：*Nebobius allardi*. A-2, B-2, C：マダラスズ（*Dianemobius nigrofasciatus*）．標的の抗原は，A：PER，B：corazonin．C-1：FXPR1，C-2：CCAP．詳しくは9章を参照．（引用文献 9-6 より改変）

口絵 Ⅱ-10章 サクラマス（*Oncorhynchus masou*）の早熟雄（上）と銀化魚（下）（撮影：生田和正博士）

口絵 Ⅱ-11章 光周性研究のモデル動物であるウズラ（*Coturnix japonica*）

口絵 Ⅱ-12章 英国ハイランドの大地で草を食むヒツジ（*Ovis aries*）
夏と冬の日長差がきわめて大きく，夏でも背丈の低い草しか生えないこの地で，ヒツジをモデルとした研究が精力的に行われ，季節繁殖のメカニズムの解明に大きな進歩をもたらした．

D ■ ホルモンから見た生命現象と進化シリーズ

日本比較内分泌学会編集委員会

高橋明義(委員長)　小林牧人(副委員長)

天野勝文　安東宏徳　海谷啓之　水澤寛太

ホルモンから見た生命現象と進化シリーズ II

発生・変態・リズム
－時－

天野勝文　田川正朋

共編

裳華房

Development, Metamorphosis and Rhythm

edited by

MASAFUMI AMANO
MASATOMO TAGAWA

SHOKABO
TOKYO

JCOPY 〈社〉出版者著作権管理機構 委託出版物〉

刊行の趣旨

　現代生物学の進歩は凄まじく早い．20世紀後半からの人口増加以上に，まるで指数関数的に研究が進展しているように感じられる．当然のように知識も膨らみ，分厚い教科書でも古往今来(こおうこんらい)の要点ですら，系統的に生命現象を講じることは困難かもしれない．根底となる分子の構造と挙動に関する情報も膨大な量が絶えず生み出されている．情報の増加はコンピューターの発達と連動しており，生物学に興味を示すわれわれは，その洪水に翻弄(ほんろう)されているかのようだ．生体内の情報伝達物質であるホルモンを軸にして，生命現象を進化的視点から研究する比較内分泌学の分野でも，例外ではない．それでも研究者は生き物の魅力に取り憑かれ，解明に立ち向かう．

　情報が溢(あふ)れかえっていることは，一人の学徒が全体を俯瞰(ふかん)して生命現象（本シリーズの焦点は内分泌現象）を理解することに困難を極めさせるであろう．このような状況にあっても，呆然とするわれわれを尻目に，数多(あまた)の生き物は躍動している．ある先達はこう話した．「研究を楽しむためには面白い現象を見つけることが大事だ」と．『ホルモンから見た生命現象と進化シリーズ』では，内分泌が関わる面白い生命現象を，進化の視点を交えて，第一線で活躍している研究者が初学者向けに解説する．文字を介して描写されている生き物の姿に面白い現象を発見し，さらに自ら探究の旅に出る意欲を醸(かも)しだすことを，シリーズは意図している．

　全7巻のそれぞれに，その内容を象徴する漢字一文字を当てた．『序』『時』『継』『愛』『恒』『巡』『守』は，その巻が包含する内分泌現象を凝集した俯瞰の極致である．想像力を逞しくして，その文字の意味するところを感じながら，創造の世界へと進んで頂きたい．

　　　日本比較内分泌学会　『ホルモンから見た生命現象と進化シリーズ』編集委員会
　　　　　　　　　　　　　　　　高橋明義（委員長），小林牧人（副委員長）
　　　　　　　　　　　　　　　天野勝文，安東宏徳，海谷啓之，水澤寛太

はじめに

　本巻は，「時」に関係する現象に焦点を当て，ホルモンを切り口とした興味深い断面を紹介しようとして企画された．

　動物には，個体の一生のうちのおおよそ決まった「時」に，形態の変化する現象が知られている．そのなかでも，アオムシからチョウへ，あるいはオタマジャクシからカエルへ，など形態変化が顕著な場合をとくに変態と呼ぶ．注意して欲しいのは，アオムシやオタマジャクシなど，いわゆる幼生は「未完成な成体」ではなく，幼生自身の生活では十分に機能している完成形である点である．それが，成体としてのまったく別な生活に適したもう1つの完成形へと，体の外形だけでなく内部の生理機能の一部までも変化させるのが変態という現象である．たとえるならば，まったく生態の異なる別種の生物として生まれ変わる過程と考えてもよい．このためには体の各部分が統制のとれた様式で変化しなければならない．不要となる幼生の器官を破壊・吸収しながら，生存に不都合がでないように並行して成体の器官の形成が行われる．鉄道のターミナル駅の大改修工事は，通勤通学客を毎日運びながら，古い構造の破壊と新たな構造の建設が行われるが，この点は変態もよく似ている．破壊と建設を同時に行う複雑なプロジェクトには，全体を統括する強力な指揮系統が不可欠である．変態においてその重責を担っているのが各種のホルモンからなる内分泌系である．神経系とは異なり，ホルモンはゆっくりとではあるが着実に，体中の組織をそれぞれに適した形や機能に変化させてゆくことができる．「時」にまつわる生命現象で，内分泌系により統括されるものの1つが変態である．

　形態ではなく，生理機能が特定の「時」に大きく変化する現象も存在する．なかでも成熟や繁殖行動には多くの場合，強い季節性が見られる．すなわち，一年の特定の時期に生殖腺が発達し，繁殖行動を行う．たとえば，サケは秋に生まれた川に遡上して産卵し，渡り鳥は特定の季節に渡りを行って産卵する．また，ヒツジやヤギは，秋から冬にかけて生殖腺の活動が活発となり，

はじめに

春から夏に出産する．このためには，さまざまなスケールで時間を測る時計が体内にあり，それが固有の周期でリズムを生み出す必要がある．リズムには，1日のリズム，1か月のリズム，さらには1年もの長いリズムなどが考えられる．1年のリズムの成立には，季節の情報を感知するメカニズムが必要であるが，動物はおもに日長を手掛かりとしている．これらのリズムの発現にもホルモンが関わっていることが近年になって明らかにされてきた．

この第Ⅱ巻では，2章から7章までが「発生・変態」を，8章以降が「リズム」を扱っている．対象とする動物も，昆虫類，甲殻類，境界動物（尾索類，頭索類，無顎類），魚類，両生類，鳥類そして哺乳類と幅広い．それぞれの動物群内での知見も興味深いことがわかって頂けると思うが，「時」にまつわる現象こそ，動物群間での共通性や差異，進化的な側面など比較内分泌学らしい面白みの現れるところだと思う．現象自身や内分泌系を，動物間で比較することの楽しさをぜひ味わって頂きたい．

本巻は，それぞれの分野を専門としている研究者の方々に執筆していただいた．各章には，基本的な事柄，最新のトピックス，執筆者の経験や思い入れなどがふんだんに盛り込まれており，それぞれの執筆者の個性があふれている．本巻は「発生・変態・リズム」とホルモンとの関わりを，刊行趣旨にも記載されているように進化の視点から鳥瞰することを心掛けた．本巻を通して，比較内分泌学の面白さや奥深さを知っていただけたのであれば，望外の喜びである．

2016年7月

著者を代表して
天野勝文・田川正朋

目　次

1. 序　論 ―時の視点から見た生命現象とホルモン―

天野勝文・田川正朋

 1.1 ホルモンとはどのような物質か？ 1
 1.2 系統進化的な「時」の視点から見た「発生・変態とホルモン」...... 2
 1.3 系統進化的な「時」の視点から見た「リズムとホルモン」........... 5
 1.4 おわりに 6

第1部　発生・変態 9

2. 昆虫類の成長・変態とホルモン

神村　学

 2.1 昆虫とは 10
 2.2 昆虫の変態様式 10
 2.3 完全変態の獲得が昆虫の繁栄につながった 13
 2.4 昆虫の進化を分子系統解析の結果から再現する 13
 2.5 完全変態昆虫は不完全変態昆虫からどのように進化したのか ... 15
 2.6 昆虫の脱皮・変態を誘導するホルモン 16
 2.7 ホルモンによる昆虫の脱皮・変態誘導機構
   ―クラシカル・スキーム― 18
 2.8 ホルモンによる昆虫の脱皮・変態誘導機構
   ―クラシカル・スキームを超えて― 19
 2.9 昆虫ホルモンの利用 23

3. 甲殻類の脱皮・変態とホルモン
　　　　　　　　　　　　　　　　　　　　　　　　　　　大平　剛

 3.1 成長のための脱皮 26
 3.2 成長以外のための脱皮 28
 3.3 多様な変態の様式 30
 3.4 脱皮・変態を制御するホルモンの役割 33
 3.5 脱皮ホルモン（エクジステロイド）の働き 34
 3.6 脱皮抑制ホルモン（MIH）の働き 36
 3.7 幼若ホルモン様分子（ファルネセン酸メチル）の働き 40
 3.8 おわりに 42

4. 境界動物の内分泌系と変態にみる脊椎動物への進化の足跡
　　　　　　　　　　　　　　　　　　　　　　　　　　　窪川かおる

 4.1 境界動物とは何か 44
   4.1.1 無脊椎動物と脊椎動物 44
   4.1.2 無顎類 45
   4.1.3 尾索動物 46
   4.1.4 頭索動物 48
 4.2 無顎類における下垂体の発生 49
 4.3 ホヤにおける内分泌器系と下垂体相同部位の発生 52
 4.4 ナメクジウオにおける内分泌系と下垂体相同部位の発生 52
 4.5 下垂体糖タンパク質ホルモンの境界動物における分子進化 55
 4.6 無顎類の変態と甲状腺ホルモン 58
 4.7 ホヤとナメクジウオにおける変態と甲状腺ホルモン 59
 4.8 境界動物からの比較内分泌学 60

目 次

5. 魚類の変態とホルモン

田川正朋

5.1 魚も変態する 64
5.2 魚類は何のために変態するのか 65
5.3 多様な仔魚の形と変態の2つの方向性 67
5.4 魚類の変態とホルモンによる調節機構 68
5.5 必ず起こるとは限らないサケ類の銀化変態 70
5.6 カレイ類の形態異常 ―変態を失敗する現象― 74
5.7 甲状腺ホルモンの分泌時期がカレイ類の変態の成功と失敗を決める 76
5.8 カレイ類の着色型黒化 ―体の一部に時期はずれに起こる変態現象― 78

6. 両生類の変態とホルモン

井筒ゆみ

6.1 両生類の変態研究の歴史 82
6.2 組織特異的な変化と甲状腺ホルモン 84
6.3 変わった変態：直接発生と幼形成熟 87
6.4 上皮系細胞の変態 90
6.5 免疫系細胞の変態 93
6.6 変態機構に働く免疫系 94
6.7 両生類の変態研究は今後どのように発展していくのか 97

7. 鳥類の胚発生における甲状腺ホルモンの役割

Veerle Darras・岩澤　淳

7.1 甲状腺ホルモンはなぜ胚発生にとって重要なのか？ 100
7.2 甲状腺ホルモンとその作用のしくみ 101
　7.2.1 甲状腺ホルモンの合成と分泌 101
　7.2.2 甲状腺ホルモンの作用のしくみ 103
　7.2.3 標的細胞と細胞内への甲状腺ホルモンの輸送 104
　7.2.4 甲状腺ホルモンの細胞内での活性化と不活性化 105

7.3	鳥類の胚発生	108
7.4	視床下部−下垂体−甲状腺軸の発生	110
7.5	甲状腺ホルモンは胚の発生をどのように制御するのか？	114
	7.5.1 脳の発生	114
	7.5.2 孵　化	117
7.6	鳥類の発生初期の甲状腺ホルモンはどこから来るのか？	117
7.7	今後の展望	118

第2部　リズム　……121

8. 概日リズム・時計遺伝子とホルモン

飯郷雅之

8.1	日周リズム，概日リズムと体内時計	122
8.2	概日リズムの性質	124
8.3	概日リズムを制御する体内時計の局在同定にホルモンが果たした役割	125
8.4	脊椎動物の時計遺伝子探索	126
8.5	時計遺伝子による体内時計の制御	128
8.6	末梢時計の発見	132
8.7	ホルモンによる体内時計の制御	132
8.8	松果体のメラトニン合成を制御する体内時計の比較生物学	133
8.9	体内時計による魚類松果体からのメラトニン分泌リズム制御の比較内分泌学	134
8.10	今後の展望	137

9. 昆虫類のリズムとホルモン

竹田真木生

9.1	はじめに —概日振動の進化—	143
9.2	概日時計の基本構造と挙動	144
9.3	時計はどこにあるか？	145

目次

9.4　キイロショウジョウバエにおける概日時計遺伝子の発見 146
9.5　キイロショウジョウバエにおける概日時計ニューロン 147
9.6　概日時計の分子構造と制御機構 148
9.7　多様な出力系と末端のホルモン制御 151
9.8　概日振動系の一機能としての光周性のホルモン制御 152
9.9　今後の展望 156

10. 魚類の生殖リズムとホルモン

天野勝文

10.1　魚類の産卵期の多様性 159
10.2　魚類の生殖腺の発達 160
10.3　魚類の生殖リズムを支配するホルモンの働き 162
10.4　サクラマスの性成熟にともなう GnRH の変動 166
10.5　メダカの産卵リズムと GnRH ニューロンの活動周期 168
10.6　生殖リズムの要である日長情報を伝えるホルモン：メラトニン 168
10.7　サケ科魚類の光センサー：血管嚢 170
10.8　今後の展望 171

11. 鳥類の光周性とホルモン

新村　毅・吉村　崇

11.1　鳥類の季節リズム 175
11.2　光周性研究のモデル動物としての鳥類 177
11.3　鳥類の光周性の生理学的研究 178
11.4　光周性を制御する甲状腺ホルモン 179
11.5　春告げホルモン TSH 181
11.6　鳥類の光周性を制御する脳深部光受容器 183

12. 哺乳類の生殖リズムとホルモン

束村博子

- 12.1 哺乳類の生殖戦略 189
- 12.2 生殖におけるリズム（周期性）................................. 190
- 12.3 生殖に関わるホルモンと性周期 193
- 12.4 キスペプチンニューロンによる生殖機能の制御と生殖リズム ... 196
- 12.5 季節繁殖と光周期 199
- 12.6 哺乳類の生殖リズムの意義 201

- 略語表 203
- 索　引 206
- 執筆者一覧 211
- 謝　辞 212

遺伝子，タンパク質，ホルモン名などの表記に関して

　現在，遺伝子名は動物種や研究者によって命名法がさまざまである．本巻では，読者にわかりやすくするため，遺伝子名はイタリック体（斜字体）で表記，さらに，ヒトではすべて大文字，哺乳類では頭文字を大文字，それ以外の動物種では基本的にすべて小文字で表記した（遺伝子から転写される RNA もこれに準拠）．タンパク質名に関しては，その活性などによって命名された従来からの呼称を優先して表記したが，特別な呼称がないタンパク質は，遺伝子名を，すべて大文字かつ非イタリック体で表記した．ホルモン名および学術用語は，『ホルモンハンドブック新訂 eBook 版（日本比較内分泌学会編）』および『岩波生物学辞典（第 5 版）』に準拠した．

1. 序論
―時の視点から見た生命現象とホルモン―

天野勝文・田川正朋

　動物のなかには，受精卵から「発生」して個体として生存可能な形態や機能を獲得した後に，さらに「変態」を行って成体となるものが少なくない．また，動物の活動には，昼間に活動して夜間に休息するなどの決まった「リズム」が存在する．さらに，一年の決まった時期に繁殖を行う動物も多く知られている．これらはすべて「時」に関する生命現象とみなすことができる．これらの生命現象にホルモンが大きく関わっていることがわかってきた．

1.1 ホルモンとはどのような物質か？

　本巻は，「時」に関係する生命現象に焦点を当て，「ホルモン」を切り口として，「発生・変態・リズム」の興味深い断面を紹介するものである．そもそも，ホルモンとはどのような物質であろうか？　教科書的になってしまうが，簡単に説明する．

　元来，ホルモンとは，「内分泌器官（下垂体，甲状腺，生殖腺，松果体など）で分泌され，血液によって体内のすみずみまで運ばれ，受容体をもつ特定の標的器官に作用し，微量で特異的効果をあらわす生理活性物質」とされる．しかし，必ずしもこのような概念にあてはまらないホルモンの分泌様式もあることがわかってきた．たとえば，脳の神経細胞（ニューロン）がホルモンを分泌することがあり，神経分泌と呼ばれる．これらのホルモンは脳内で，あるいは全身で作用する．

　脊椎動物の内分泌系の多くは，**視床下部－下垂体－標的器官系**で構成される．内分泌系において，視床下部の神経細胞で産生されるホルモンが重要な役割を果たしている．**無脊椎動物**の内分泌系の研究は，主として脱皮・変態

などの現象に着目して進められてきた．当然のことながら，無脊椎動物の内分泌機構は脊椎動物のそれとは大きく異なる．本巻では，さまざまな脊椎動物と無脊椎動物の発生・変態・リズムに関わるホルモンについて紹介する．

1.2 系統進化的な「時」の視点から見た「発生・変態とホルモン」

受精から孵化（あるいは出生）までには，きわめて激しい形態変化が起こる．これが狭義の発生（胚発生）である．一方，その後に自分で餌を摂り始めると，体長増加のような量的な変化（成長）が始まるが，形態などの質的な変化（発達）も多少とも継続される．孵化後の形態変化のなかで，一見したところ別の生物に変わったのかと思うほど顕著なものを，とくに変態と呼ぶことが多い．

このような発生と変態に関して，内分泌学の研究がさかんに行われているのが**脊椎動物**と**節足動物**である．このうち脊椎動物において重要なホルモンとして，まず挙げられるのが**甲状腺ホルモン**であろう．これは4章を読んで頂けると明らかなように，脊椎動物の祖先から受け継いだ変態のための歴史ある道具である．魚類（5章参照）や両生類（6章参照）はもとより，鳥類（7章参照）でも，発生と甲状腺ホルモンの関連の強いことが明らかである．図1.1に動物の系統樹の例を挙げた[1-1]．本巻では触れることができなかったが，さらに祖先的なグループである**棘皮動物**でも，甲状腺ホルモンやその類似物質が変態を促進するという知見も得られている[1-2]．非常に祖先的なグループであるクラゲ類（**刺胞動物**）においても同様の知見がある[1-3]．つまり，脊椎動物において甲状腺ホルモンは変態に重要であるが，これは，非常に古い起源をもつと考えられる．では，昆虫へとつながる系統ではどうであろうか？　昆虫類（2章参照）と甲殻類（3章参照）では，**エクジステロイド**というステロイドホルモンが脱皮や変態に重要である．しかし情報は，研究の進んでいる節足動物という1グループにほぼ限られてしまうため，変態や脱皮にエクジステロイドが関連をもつに至った過程を，系統進化的な流れとして概観することはできない．今後，祖先的な動物門における発生の物質レベルでの研究が進むと，エクジステロイドの系統進化的な出現過程や動物門を

1.2 系統進化的な「時」の視点から見た「発生・変態とホルモン」

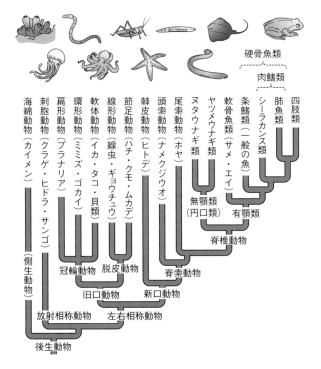

図 1.1 動物の系統樹の一例
脊椎動物にいたる系列には，尾索動物，頭索動物，棘皮動物などが配置されている．一方，節足動物や軟体動物は，かなり早い時期に脊椎動物への系列から独立して進化してきた．図は許可を得て転載（引用文献 1-1 より一部改変）．

越えた役割の有無が，一気に見えてくるはずである．

　本巻の前半をご覧になって頂けるとわかるように，発生・変態を扱う中で，ほとんどは変態について述べられており，いわゆる発生に関する記述は鳥類のみである．本シリーズでは内分泌系との関わりから生物現象を捉えることが目的である．誤解を恐れずに述べると，内分泌系は外部環境や内部環境の状態に応じて，何らかの調節を行うシステムである．節足動物や魚類・両生類などの動物において，孵化までの発生では起こるべき内容はすべて決まっている．また，「なにもなければ」温度のみによって速度が決まってしまう．その意味で発生は，ほとんどは化学反応による受動的な現象であり，時期な

どの調節を行う必要性がそもそも少ないはずである．それにも関わらず，遺伝子による**プログラミング**のみで完全に決まっているのではなく，甲状腺ホルモンという内分泌系の関与が必要なのである．

　節足動物や魚類・両生類では，孵化後にまず，いわゆる**幼生**となるものが多い．幼生とは，親とは大きく異なる形や生態をもつ発達段階である．その後，程度の差はあるものの形態変化を経て親と似た形になる．このうち，とくに変化の顕著なものが**変態**である．変態の時期の決定や，極端な場合には変態をするかしないかの決定は，個体の生存戦略にとってきわめて重要である．温度や環境の好適性のような外部要因だけでなく，体サイズや性別といった生理的条件によっても，最適な戦略は異なってくる．変態の有無や時期の決定を間違いなく下すためには，まさに調節が必要である．このような場合にこそ，内分泌系という，状態に応じて調節を行うシステムが意味をもつ．詳しくは本文を読んで頂きたいが，魚類（5章参照）や両生類（6章参照）では，甲状腺ホルモンの分泌がさかんになることで，各種組織や器官が**幼生型**から**成体型**への変化，いわゆる変態を開始する．

　鳥類や爬虫類，あるいは哺乳類では，孵化や出産直後には親とほぼ同じ形になっており，いわゆる変態期がない．つまり前述のように基本的には時期などを「調節」する必要がほとんどないと考えられるにもかかわらず，やはり甲状腺ホルモンが発生にきわめて重要な役割を果たしている．これについて，鳥類や哺乳類などでは変態がないのではなく，卵内や胎内の発生が変態過程を取り込んだものであると考えてみることができよう．今後の検証が不可欠であるが，鳥類や哺乳類においても，変態開始における甲状腺ホルモンの役割が系統発生的に継承されており，幼生型から成体型へと潜在的に変化させているのかもしれない．そうすると，鳥類や哺乳類においても，甲状腺ホルモンがないと正常に発達できないという現象が理解しやすくなる．鳥類や哺乳類の発生における内分泌系，とくに甲状腺ホルモンの役割を系統発生的な視点から明らかにすることで，脊椎動物の発生と内分泌系の関係がみえてくるはずである．

　甲状腺ホルモンの存在は前述のように刺胞動物のクラゲ類まで溯ること

ができる．クラゲ類は先カンブリア紀（数億年前）の化石が見つかっており[1-4]，そのころのクラゲ類にも甲状腺ホルモンがあった可能性もある．変態や変態を取り込んだ発生過程における内分泌系の関与の研究には，比較内分泌学の真骨頂とも言えるきわめて長い時間をまたぐ，広大な研究分野が未開拓のまま広がっている．

1.3 系統進化的な「時」の視点から見た「リズムとホルモン」

さまざまな動物の活動には，昼間に活動して夜間に休息するなどの決まったリズムが存在する．このようなリズムを**日周リズム**と呼ぶ．この日周リズムは，24時間周期の地球の自転と関係して生まれてきたのであろう．このような動物を恒常条件下におくと，周期は24時間ちょうどではなく，約24時間の自律的な周期で継続する．このようなリズムを**概日リズム**（サーカディアンリズム）と呼ぶ．動物の生体内には概日時計と呼ばれる**体内時計**があり，概日リズムを制御している．体内時計の存在部位は，局所的組織破壊に引き続くリズムの変調を指標に推定され，その部分に局在する**メラトニン**，コルチコステロン，神経ペプチドなどのマーカー分子によって構造および機能の解析がなされた（8章参照）．昆虫類においては，キイロショウジョウバエなどを用いて，体内時計の分子機構の解明が進展している（9章参照）．

動物のなかには，一年の決まった「時」に**季節繁殖**を行うものが多い．本巻では，季節繁殖を「生殖リズム」として扱うことにする．動物が季節繁殖を行うことの利点としては，生まれた子供の成長に都合がよい時期に子供を産むことが，生残の上で有利になるからであると考えられる．たとえば，哺乳類では，餌となる草が豊富な春から夏にかけて子供を産む[1-5]．このように季節繁殖は動物が生息環境に戦略的に適応した結果と考えられる．

本巻では，哺乳類，鳥類および魚類の生殖リズムに関わるホルモンの作用について紹介している．一般に，脊椎動物の性成熟は，**視床下部－下垂体－生殖腺軸**によって制御される．視床下部では生殖腺刺激ホルモン放出ホルモン（GnRH），下垂体では生殖腺刺激ホルモン（GTH），そして生殖腺では性ステロイドホルモンが分泌される．最近になって，哺乳類では視床下部で産

生されるキスペプチンというペプチドホルモンが，脳内で重要な役割を果たすことがわかってきた（12章参照）．一方，魚類の生殖におけるキスペプチンの生理機能は魚種により異なるようである．ちなみに，鳥類では，現在までのところ，キスペプチンは発見されていない．このように，哺乳類，鳥類および魚類の生殖リズムを制御する内分泌機構もそれぞれ異なっており，比較内分泌学的に興味深い．

　それでは，動物はどのように季節を知るのであろうか？　季節を知る手がかりと考えられる**環境要因**は，日長（一日のなかの昼間の時間），温度（水生動物の場合は水温），降水量などであろう．温度については冷夏や暖冬など，降水量については空梅雨や集中豪雨などという言葉があるように，温度や降水量は年によって変動があり，かならずしも一定していないので，季節を知る手がかりにするには適当ではないであろう．一方，日長については，そのような年ごとの変動はなく，季節を知る手がかりに適している．

　日長の情報はおもに眼でとらえられ，その後，メラトニンというホルモン情報に変えられる．メラトニンは，松果体という器官で産生される．脊椎動物において，メラトニンの血中濃度は，夜間に高く，昼間に低い明瞭な日周リズムを示すことが多くの種で知られている．サンゴ礁に生息する魚類には，太陽ではなく，月からの光の刺激を利用しているものもいる．すなわち，満月と新月の明るさの違いを，メラトニン情報へ変換して利用しているのである．鳥類と魚類においては，最近，眼以外にも光センサーが見つかり，季節を感知する器官として注目を集めている（10章，11章参照）[1-6, 1-7]．

1.4　おわりに

　わが国の比較内分泌学のパイオニアである小林英司が，比較内分泌学について述べた以下の文章がある．「ある現象について，異なった動物群の動物を比較検討し，その現象に対して一般性のある説明原理を得ようとする学問を比較内分泌学という場合が多い．この考えは間違いではない．ただ，留意すべきことは，この場合，ある事柄を種々の動物で単純に比較しているのではなく，動物の進化の説を基盤として比較しているのであって，その行為自

体が一つの思想を内容としてもっていることである」[1-8]．本巻においては，昆虫類，甲殻類，境界動物（尾索類，頭索類，無顎類），魚類，両生類，鳥類，哺乳類と幅広い動物門に関する「時」を扱っており，まさに「進化の説を基盤とした比較」が可能である．読者には比較内分泌学の魅力の一端を理解していただけると期待している．

1章 参考書

海老原史樹文・井澤 毅 編（2009）『光周性の分子生物学』シュプリンガー・ジャパン．

川島誠一郎（1995）『内分泌学』朝倉書店．

1章 引用文献

1-1) 坂本順司（2015）『理工系のための生物学（改訂版）』裳華房．

1-2) 末光隆志（1997）月刊海洋, **29**: 233-240．

1-3) Spangenberg, D. B. (1971) J. Exp. Zool., **178**: 183-194．

1-4) 久保田 信（2000）『無脊椎動物の多様性と系統（節足動物を除く）』白山義久 編（岩槻邦男・馬渡峻輔 監修），裳華房，p.108-111．

1-5) Karsch, F. J. *et al.* (1984) Res. Prog. Horm. Res., **40**: 185-232．

1-6) Nakane, Y. *et al.* (2010) Proc. Natl. Acad. Sci., **107**: 15264-15268．

1-7) Nakane, Y. *et al.* (2013) Nature Commun., **4**, Article number 2108．

1-8) 小林英司（1975）日本比較内分泌学会ニュース, **1**: 1-2．

第1部 発生・変態

　第1部では，変態を含む発生現象とホルモンについて，節足動物門と脊索動物門で得られている知見を紹介する．節足動物門に属する昆虫類と甲殻類では脱皮ホルモンと幼若ホルモンが，一方，脊椎動物を含む脊索動物門では甲状腺ホルモンが，それぞれの動物門の発生・変態にとって中心的なホルモンである．これらを軸にしながら，近年明らかになってきた興味深い生命現象とホルモンへと話が展開される．

　昆虫類の章では驚くべき変態の多様性やホルモン類似物質の農薬としての利用などが，甲殻類の章ではさまざまな脱皮の存在や脱皮抑制ホルモンなどがとくに興味深い．無脊椎動物から脊椎動物への進化の過程にあたるのが境界動物と呼ばれる動物たちであるが，これらを扱った章では甲状腺や下垂体などの起源について最新の知見が紹介されている．魚類の章では，カレイ類にしばしば見られる変態の失敗をホルモンから説明している．両生類の章ではオタマジャクシの尾の吸収には免疫系が重要な役割を果たしていることが，また，変態のない鳥類の章においても発生における甲状腺ホルモンの重要性が紹介されている．この第1部では，発生・変態とホルモンの関わり合いの共通性や，それぞれの動物における最新の研究の熱さを感じ取って頂けると期待している．

2. 昆虫類の成長・変態とホルモン

神村　学

　完全変態昆虫は，蛹期に体構造を全面的につくりかえることにより，幼虫は成長，成虫は生息域の拡大と繁殖に最適の姿を取ることができる．この効率的な成長様式の獲得により昆虫は大きく繁栄した．昆虫の成長は幼若ホルモンと脱皮ホルモンという2種類のホルモンにより制御されている．これらのホルモンは個体レベルでの脱皮・変態の制御に加えて，甲虫類の雄特異的な武器形質（大顎など）の大型化やガ類の雌特異的な翅の消失などの性的二型の発現の制御にも関わっている．

2.1 昆虫とは

　昆虫は節足動物の1グループであり，体が頭，胸，腹の3つに分かれ，胸に3対の脚と2対の翅をもつという特徴を有する．昆虫綱（Insecta）はすべての有翅昆虫に加えて，翅をもたない原始的なシミとイシノミからなる．これが真正昆虫類である（図2.1A）．さらに，無翅のトビムシ，カマアシムシ，コムシ（口器が小さく，頭部の中に収まっているため内顎類と総称される）を合わせて六脚類（Hexapoda）と呼び，これが広義の昆虫類である．

2.2 昆虫の変態様式

　昆虫の体はキチンとタンパク質でできた固い表皮（外骨格）で覆われているため，成長するためには，一度古い表皮を脱ぎ捨てて新しい表皮を作り直さなくてはならない．これが**脱皮**である．そして，脱皮の前後で姿形が大きく変化する場合をとくに**変態**と呼ぶ．昆虫の変態様式は大きく3種類に分けられる（図2.2）．
　無翅昆虫のシミやイシノミでは，幼虫と成虫がほぼ同じ姿をしており，両者はおもに生殖能力の有無で区別される．これを**無変態**という．シミ，イシ

2.2 昆虫の変態様式

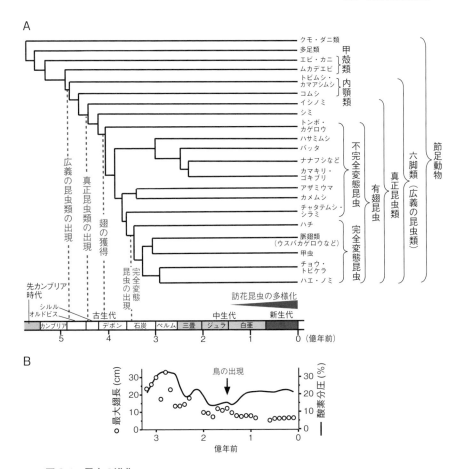

図 2.1 昆虫の進化
A：分子系統解析から推定される昆虫の各グループの分岐と重要イベントの時期．データは引用文献 2-1 に基づく．B：昆虫化石の最大サイズの変遷．一千万年ごとの昆虫化石の翅長の最大サイズと GEOCARBSULF モデルから推定される大気中の酸素濃度の変遷を示してある．データは引用文献 2-2 に基づく．

ノミは成虫になってからも脱皮を繰り返すが，これは有翅昆虫には見られない特徴であり，先祖的な形質を保持しているものと考えられる．

有翅昆虫のうちバッタやゴキブリ，カメムシなども，幼虫と成虫が似た姿をしている．しかし，幼虫の翅は小さく（翅芽と呼ぶ），終齢幼虫から成虫

無変態昆虫

セスジシミ（シミ目）

不完全変態昆虫

前幼虫　　　幼虫　　　成虫
トノサマバッタ（バッタ目）

アオクサカメムシ（カメムシ目）

完全変態昆虫

幼虫　　　蛹　　　成虫
ナミアゲハ（チョウ目）

ノコギリクワガタ（コウチュウ目）

図2.2　昆虫の変態様式
無変態昆虫であるセスジシミ（*Ctenolepisma lineata*）は生涯を通じて姿形をほとんど変えない．不完全変態昆虫であるトノサマバッタ（*Locusta migratoria*）とアオクサカメムシ（*Nezara antennata*）も幼虫と成虫はよく似た姿をしているが，幼虫の翅は短く，成虫になる際に大きく広がる．一方，完全変態昆虫であるナミアゲハ（*Papilio xuthus*）とノコギリクワガタ（*Prosopocoilus inclinatus*）では，蛹の時期を経ることにより幼虫と成虫がまったく違う姿をとることができる．不完全変態昆虫の中には，孵化直後に前幼虫という通常の幼虫とは違った容姿のステージを経るものがいる（バッタ類など）．前幼虫仮説では，前幼虫が完全変態昆虫の幼虫に相当し，不完全変態昆虫の幼虫が完全変態昆虫の蛹に相当すると考えている．

になる際に大きく広がる．この変態様式を**不完全変態**という．

　そして，より進化したチョウや甲虫，ハチ，ハエなどでは，幼虫が蛹になった後に成虫になる．このように蛹を経る変態様式を**完全変態**と呼ぶ．完全変態昆虫では，アオムシがチョウに変身するように，蛹の時期に体の構造を全面的につくりかえることにより，幼虫と成虫がまったく違う姿を取ることができる（図2.2, 口絵II-2章参照）．蛹は動きのない静的なステージに見えるが，表皮の内側では必要なくなった器官を溶かして再吸収し，逆に成虫で新しく必要になる器官をつくるというダイナミックな変化が起こっているのである．なお，完全変態昆虫の幼虫では，翅の元（翅原基）は皮膚の内側にあり外からは見えない．

2.3　完全変態の獲得が昆虫の繁栄につながった

　完全変態昆虫の幼虫は発達した消化器官をもち，皮膚も柔軟性に富んでいて，餌を食べて成長するのに適した体をもっている（図2.2）．一方，成虫は翅に加えて発達した感覚器官をもち，移動するのに適した体になっている．すなわち，完全変態昆虫では，幼虫は成長，成虫は生息域の拡大および繁殖と，ステージ間で分業を行っているのである．また，完全変態昆虫では，アオムシが葉っぱを食べ，チョウが花の蜜を吸うように，幼虫と成虫とが異なった食性をもつことにより，餌をめぐったステージ間の競合を避けることもできる．

　このように，昆虫の完全変態は非常に合理的な成長システムである．記載されている全動物種の70％以上を昆虫が占め（約100万種），さらにその80％以上を完全変態昆虫が占める．つまり全動物種の半数以上は完全変態昆虫なのである．このことからも，完全変態の獲得が昆虫の繁栄に大きく貢献していることがわかる．

2.4　昆虫の進化を分子系統解析の結果から再現する

　昆虫はいつ頃地球上に現れ，変態様式はどのように進化してきたのだろうか？　残念ながら，昆虫は小さく化石として残りづらいため，昆虫の進化

を化石記録のみからたどるのは難しい．そこで，最新の分子系統解析の結果[2-1]を元に，昆虫の進化をたどってみよう（図 2.1A）．

　昆虫に最も近縁な節足動物は甲殻類である．六脚類（広義の昆虫類）は古生代のオルドビス紀初期（約4億8千万年前）頃に甲殻類から分かれて進化したと推定される．さらに数千万年が経ったデボン紀初期頃に翅をもつ昆虫が出現した．最古の昆虫化石は約4億年前の地層から見つかっているトビムシの1種と *Rhyniognatha* という真正昆虫のものである．*Rhyniognatha* は口器の化石しか見つかっていないが，すでに翅をもっていた可能性が示唆されており，化石記録からも有翅昆虫が4億年以上前に出現していたことが支持される[2-3]．

　それからさらに数千万年が経ち，石炭紀になると完全変態昆虫が出現し，次のペルム紀にかけて昆虫は繁栄した．この時期には石炭の元となる巨大なシダ類が繁茂していたが，まだ昆虫以外に翅をもつ生物はおらず，飛翔能力の獲得は生活圏の拡大に大きく貢献したものと考えられる．

　そして，それから数億年が経った中生代白亜紀になって，さまざまな顕花植物が現れると訪花昆虫であるチョウ，ハチ，アブなどの仲間が顕花植物と共進化することにより多様化した．

コラム 2.1
昆虫の大きさを決めるメカニズム：進化的な見地から

　古生代に現生種よりはるかに巨大な昆虫が生息していたことはよく知られている．たとえば，絶滅した原トンボ目では *Meganeura monyi* や *Meganeuropsis permiana* など翅を広げると 70 cm 近くになるものがあり（それぞれ図 2.1B の 3 億年前の最大翅長 30 cm と 2.8 億年前の 33 cm に相当），同じく絶滅したムカシアミバネムシ目には頭から尾の先までの長さが 80 cm に達するものがいた[2-4]．このような巨大昆虫が存在できた理由として，この時期の酸素濃度が現代よりはるかに高かったことが挙げられる．昆虫は表

皮に開口した気門から空気を取り込み，中空の管系である気管により体中の組織・細胞に直接空気を送り込むことにより呼吸する．そのため，体サイズが大きくなると体の奥深くまで酸素を効率よく送ることが難しくなり，それが現生昆虫のサイズを制限する要因の1つとなっている[2-5]．一方，巨大昆虫が生息していた石炭紀～ペルム紀には酸素濃度が最大35%と現代よりはるかに高かったので（図2.1B），大型の昆虫でも楽に呼吸することができただろう．その後，古生代末期に酸素濃度が減少するのにともない，昆虫の最大サイズも小さくなっていった．

しかし，昆虫の最大サイズは酸素濃度と常に連動して変化したわけではなかった．とくに，中生代白亜紀には，酸素濃度が増加したにも関わらず，昆虫の最大サイズは逆に小さくなった（図2.1B）．白亜紀以降に昆虫が小型化した理由として，この時期に昆虫の天敵である鳥が出現したことが挙げられる[2-2]．大型の昆虫は目立ち，小回りも利かないことから，小型の昆虫に比べると鳥に狙われやすかっただろう．そのために，鳥，さらに飛翔性哺乳類のコウモリの出現以降は体サイズを小さくする選択圧が働き，大きくなれなかったようだ．このように，昆虫の最大サイズは，大気中の酸素濃度に加えて，飛翔能力をもつ天敵の存在という生物的要因の強い影響を受けて決まってきたものと考えられる．

2.5 完全変態昆虫は不完全変態昆虫からどのように進化したのか

完全変態昆虫は不完全変態昆虫の中から進化した（図2.1A）．では，古代の不完全変態昆虫は，成長様式をどのように変化させることにより完全変態できるようになったのか？ とくに，"蛹"の時期をどのようにつくり出したのだろう？ この疑問に対して古くからさまざまな考えが提示されてきたが，大きく分けると，不完全変態昆虫の胚が完全変態昆虫の幼虫になり，不完全変態昆虫の幼虫が完全変態昆虫の蛹になったという説と，両グループの幼虫は相同で，完全変態昆虫の蛹の時期は，不完全変態昆虫の幼虫もしくは成虫の時期から新たに作られたという2つの説が考えられていた[2-6]．

そして，前世紀末の1999年に，トルーマン（Truman）とリディフォード

（Riddiford）は完全変態様式の起源について新たなアイデアを提示した．それが**前幼虫（プロニンフ）仮説**である[2-7]．トンボやバッタなどのより原始的な不完全変態昆虫では，通常の幼虫期の前に特殊な形態の幼虫が出現する．これが前幼虫（プロニンフ：pronymph）である（**図 2.2**）．前幼虫仮説では，この前幼虫が完全変態昆虫の幼虫になり，不完全変態昆虫の幼虫が完全変態昆虫の蛹になったと考えた．その根拠として，前幼虫の表皮は完全変態昆虫の幼虫の表皮のように柔らかい，前幼虫は完全変態昆虫の幼虫と同じく翅芽をもたない，完全変態昆虫の幼虫の神経回路の広がり方が不完全変態昆虫の幼虫より前幼虫のものとよく似ている，などが挙げられる．

　前幼虫仮説は分子生物学的なデータからも支持されている．完全変態昆虫では蛹化直前の終齢幼虫期にのみ Broad-complex（BR-C）という転写因子をコードする遺伝子が発現する．*br-c* 遺伝子の発現を人為的に抑えると蛹化が起こらなくなり，逆に *br-c* 遺伝子を異時的に発現させると蛹様の構造ができることから，*br-c* は蛹化を誘導する鍵遺伝子だと考えられている[2-8]．一方，不完全変態昆虫であるカメムシの 1 種 *Oncopeltus fasciatus* も *br-c* 遺伝子をもつ．*O. fasciatus* の *br-c* は完全変態昆虫とは逆に終齢幼虫期以外のすべての幼虫齢期で発現し，*br-c* の発現を人為的に抑制することにより，ある齢の幼虫から次の齢の幼虫への成熟（模様が変化する）が起こらなくなった[2-9]．この結果は，不完全変態昆虫の複数の幼虫齢期が完全変態昆虫の単一の蛹期に集約されたとする前幼虫仮説とよく符合する．

　このように前幼虫仮説を支持する証拠も多いが，逆に否定するデータも報告されており，すべての研究者がこの仮説を支持しているわけではない[2-10]．発表以来，昆虫の脱皮・変態研究に大きな影響を与えてきた前幼虫仮説であるが，今後も論争を呼びそうだ．

2.6　昆虫の脱皮・変態を誘導するホルモン

　昆虫の脱皮・変態は頭部にある**アラタ体**で合成される**幼若ホルモン**（juvenile hormone：JH）と胸部にある**前胸腺**で合成される**脱皮ホルモン**（molting hormone）により制御されている（**図 2.3**）．

2.6 昆虫の脱皮・変態を誘導するホルモン

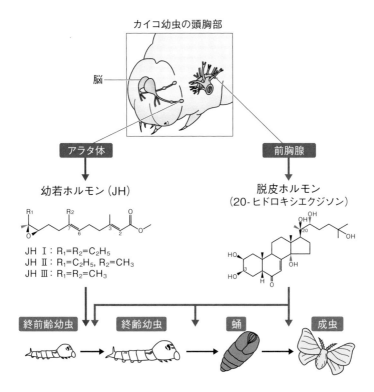

図2.3 ホルモンによる昆虫の脱皮・変態の制御機構(クラシカル・スキーム)

終齢幼虫期より前の幼虫齢期ではアラタ体から分泌される幼若ホルモン(JH)の濃度が高い．その状態で脱皮ホルモン合成を刺激する前胸腺刺激ホルモンなどのペプチドホルモンが脳から分泌されると，前胸腺での脱皮ホルモンの合成・分泌が活発になり，血中の脱皮ホルモン濃度が高くなることにより次齢の幼虫への脱皮が誘導される．一方，終齢幼虫期以降はJHの合成・分泌が止まって血中濃度が低くなり，その状態で脱皮ホルモンが分泌されると，幼虫から蛹，さらに成虫への変態が誘導される．(カイコの頭胸部の図は引用文献2-11を改変)

幼若ホルモンはセスキテルペノイド骨格をもつ昆虫に特有のホルモンである．アセチルCoAおよびプロピオニルCoAから(ホモ)ファルネシルピロリン酸を経て合成される．側鎖の種類とエポキシ環の数と位置が異なる10種ほどのJH分子種が同定されているが，JH IIIが最も普遍的に見られる

2章 昆虫類の成長・変態とホルモン

幼若ホルモンで，側鎖にエチル基をもつ JH I や JH II はおもにチョウ目に見られる．また，ハエ目とカメムシ目では，それぞれ C6 と C7 の間，C2 と C3 の間に 2 つめのエポキシ環をもつ JH が使われている．

脱皮ホルモンはステロイドホルモンの 1 種である．昆虫だけでなく他の節足動物でも見つかっており，やはり脱皮を誘導する作用をもつ．脱皮ホルモンは，食物由来のコレステロールが酸化，水酸化などの数段階の酵素反応を経ることにより合成される．前胸腺から分泌されるのは C20 に水酸基（-OH）がないエクジソン，もしくはさらに C3 に水酸基ではなくカルボニル基（>C=O）がついた 3-デヒドロエクジソンであるが，いずれも血液中ですみやかに 20-ヒドロキシエクジソンに変換される．多くの昆虫では，前2者に比べて 20-ヒドロキシエクジソンのホルモン活性がはるかに高いことから，20-ヒドロキシエクジソンが脱皮ホルモンの本体であると考えられている．

脱皮ホルモンと JH は，ともにリガンド結合性の転写因子を受容体としており，転写ネットワークの引き金を引くことにより，さまざまな反応を制御する．両ホルモンの合成経路や分子的作用機構の詳細については，本章末に挙げた専門書を参考にして欲しい．

2.7 ホルモンによる昆虫の脱皮・変態誘導機構—クラシカル・スキーム—

幼若ホルモンと脱皮ホルモンの濃度は温度などの環境条件や栄養条件などを反映しながら一生を通じて変化し，それにより昆虫の成長はフレキシブルに制御されている．若～中齢幼虫ではアラタ体からの JH 分泌が活発で血液中の JH 濃度が高い．その状態で，脱皮ホルモン合成を刺激する**前胸腺刺激ホルモン**（PTTH：prothoracicotropic hormone）などのペプチドホルモンが脳から分泌されると，前胸腺での脱皮ホルモンの合成・分泌が活発になり，血液中の脱皮ホルモン濃度が高まることにより次齢の幼虫への脱皮が誘導される．一方，終齢幼虫以降はアラタ体の活性が弱まることにより JH 濃度が低くなり，脱皮ホルモンが分泌されると幼虫から蛹，さらに成虫への変態が誘導される．すなわち，脱皮ホルモンは脱皮反応を誘導する働きをもち，血中の JH 濃度の高低により，幼虫脱皮が繰り返されるか，変態に向かうかが

決まる.

　このような JH と前胸腺刺激ホルモン，脱皮ホルモンによる昆虫の脱皮・変態の制御はクラシカル・スキームと呼ばれ，1930 ～ 1940 年代にホルモン分泌器官の摘出や移植，結紮（けっさつ），パラビオーシス（並体結合）などの外科的実験を組み合わせることにより明らかにされた[2-12]．結紮とは糸で体をきつく縛って血流を止めてホルモンの移動が起こらないようにする実験で，パラビオーシスとは 2 頭の虫を部分的に結合して個体間で血液を循環させることにより，ある個体の血中ホルモン環境が他個体に与える影響を調べる実験である．これらの実験の 1 例を挙げると，終齢幼虫の胸部と腹部の間を結紮すると，前胸腺が存在する前方の頭部と胸部は蛹に変態できるが，後方の腹部には脱皮ホルモンが流れてこないので幼虫のままで脱皮することはない．そして，他個体からさまざまな器官を結紮個体の腹部に移植すると，前胸腺を移植した個体の腹部のみが蛹化した．このようにして，前胸腺から変態を誘導するホルモン（＝脱皮ホルモン）が分泌されることが明らかにされたのである．なお，昆虫は体節ごとに気門があって呼吸できるので，結紮しても窒息して死ぬことはない．

2.8　ホルモンによる昆虫の脱皮・変態誘導機構 ―クラシカル・スキームを超えて―

　脱皮・変態誘導のクラシカル・スキームが提唱されて以来，この機構がなりたつかどうかがさまざまな昆虫で検証されてきた．これまでの知見を総合すると，クラシカル・スキームの大枠は正しいが，細部では種特異性やさまざまな微調整がありクラシカル・スキームだけで脱皮・変態が進むわけではないことがわかっている．たとえば，幼虫脱皮から蛹化への切り替えが JH 濃度のみによって決まるとすると，JH を投与して人為的に JH 濃度を高く維持し続けると，幼虫脱皮が繰り返されて虫は大きくなり続けるはずである．このようにして，現代に巨大昆虫を蘇らせることは可能だろうか？　さまざまな昆虫で JH を投与する実験が行われているが，それらの結果をみると，ある程度サイズを大きくすることはできるがそれにも限界があるようである．筆者がカイコ（*Bombyx mori*）の幼虫を使って行った実験でも，JH 処

図 2.4　幼若ホルモン処理によるカイコ幼虫の大型化
カイコ幼虫の最大サイズは 6 g ほどだが，JH系 IGR 剤の1種フェノキシカルブを塗布することにより 17 g と3倍ほどの大きさの幼虫になる．

理により脱皮回数が1回増え，最大で通常の3倍程度の体重をもつ幼虫になった[2-13]（図 2.4）．しかし，そのような巨大幼虫はうまく蛹化できなかった．一般に，高濃度のJH を投与すると，幼虫脱皮が繰り返されるのではなく，脱皮が起きなくなったり，異常な脱皮・変態が起こり，処理した虫が成虫まで育たなくなってしまう．このように，人為的に高い血中 JH 濃度が維持されても，幼虫脱皮が繰り返されて大きくなり続けるわけではない．

一方，終齢幼虫期の1～2齢前にアラタ体を摘出すると，血液中からJHがなくなることにより早熟変態が誘導される．では，さらに若齢の幼虫でJH 濃度を下げれば極小の成虫になるのだろうか？　アラタ体の摘出を若齢幼虫で行うのが技術的に難しいことから，大門らはカイコに対してゲノム編集技術を使って，JH の合成や受容に関わる遺伝子が機能しないようにする（ノックアウトする）ことにより，この可能性を検討した[2-14]．カイコは通常は5齢幼虫で蛹化する．一方，JH シグナリングを遮断したカイコでは，2齢若い3齢幼虫で蛹化し小型の蛹になった．しかし，それより前の1～2齢幼虫で蛹になる個体はなく，カイコの若齢幼虫では JH がなくても幼虫脱皮が起こることがわかった．JH の除去による小型化にも限界があるのである．

以上の結果は，JH は脱皮の性質を決める主要な働きをもつものの，さらに他の要因が脱皮から変態への切り替えの調整に関わっていることを示している．その詳細の解明は今後の課題である．

コラム 2.2
幼若ホルモンと脱皮ホルモンによる性的二型の制御

　クワガタムシの大顎やカブトムシの角など，甲虫類には雄だけが立派な武器形質をもつ種が多く見られる．武器形質は大きなサイズの雄ではより大きくなり，小さなサイズの雄では非常に小さくなる傾向がある．このような雄特異的な武器形質の発達が JH により制御されることがわかってきた．
　メタリフェルホソアカクワガタ（*Cyclommatus metallifer*）は，大型の雄でとくに大顎が巨大化するクワガタである（図 2.5）．このクワガタでは蛹になる直前の前蛹期に，大型の雄では血中 JH 濃度が高く，小型の雄では低い．そして，本来は小さい大顎しかもたないはずの小型の雄に JH を処理すると，巨大な大顎をもつ蛹になった[2-15]．この結果は，体サイズに依存して JH 濃度が高くなり，高濃度の JH により大顎の大型化が誘導されることを示唆している．同様に，エンマコガネ（糞虫）の 1 種 *Onthophagus taurus* の角や，オオツノコクヌストモドキ（*Gnatocerus cornutus*）の大顎も，JH 処理により大きくなるので[2-16, 2-17]，甲虫類の雄特異的な武器形質の発達は広く JH の制御を受けているようである．なお，メタリフェルホソアカクワガタでは JH をいくら処理しても雌の大顎は大きくならない．これは，性決定遺伝子 *doublesex* の影響により，雌では大顎原基が JH に応答できなくなっているからである[2-18]．
　脱皮ホルモンも性的二型の発現に関与している．チョウ目には，雄では普通に翅があるが，雌が無翅もしくは痕跡的な翅しかもたない種がいくつもみられる．アカモンドクガ（*Telochurus recens*）は雌の翅が痕跡的になる種だが（図 2.5），蛹化直後には雄と雌とで翅のサイズに違いは見られない．雄の蛹では，脱皮ホルモン濃度が高まることにより翅の周辺部のみがプログラム細胞死で消失する．これは他のチョウやガでも見られる一般的な翅形成のプロセスである．一方，雌の蛹では脱皮ホルモンに応答して翅のより広い範囲で細胞死が起こって消失し，そのために成虫の翅が痕跡的になってしまう[2-19]．同様に，冬だけに出現するフユシャクの 1 種フチグロトゲエダシャク（*Nyssiodes lefuarius*）でも，蛹期に雌の翅の大半が脱皮ホルモンに応答して細胞死を起こすことにより，雌成虫は無翅になる[2-20]．やはり雌が無翅

のオオミノガ (*Eumeta variegata*) では，脱皮ホルモンに応答した翅の退化は幼虫期に起こり，雌では蛹期に翅がなくなってしまう[2-21].

このように，JH，脱皮ホルモンともに，脱皮・変態という個体レベルの成長の制御に加えて，個々の器官の性特異的な成長や退化の制御にも関わっているのである.

図 2.5 昆虫の性的二型の例
メタリフェルホソアカクワガタ (*Cyclommatus metallifer*) の雄（上図）は巨大な大顎をもつが，雌（右中図に頭胸部を示す）の大顎は小さい．アカモンドクガ (*Telochurus recens*) の雄（左下図）は普通の翅をもつが，雌（右下図）の翅は退化し，痕跡的になる．これらの性的二型の発現は，それぞれ JH と脱皮ホルモンの制御を受けている．アカモンドクガの写真は藤原晴彦博士提供.

2.9 昆虫ホルモンの利用

JHと脱皮ホルモンは，昆虫の成長を撹乱する昆虫成長制御剤（IGR剤：insect growth regulator）として農業害虫や衛生害虫の防除に広く用いられている．IGR剤の作用は昆虫に対する特異性が高いので，他の殺虫剤に比べると人と環境に対する負荷は小さい．しかし，天敵昆虫などの有用昆虫や甲殻類を含む他の節足動物には影響があるので，その点への注意が必要である．

天然のホルモンは安定性が低く自然環境下ではすぐに分解され，また化学合成が難しいことから，害虫防除には合成が容易で安定性が高い合成化合物が用いられている．JH活性をもつ化合物としてはメソプレンやピリプロキシフェン，脱皮ホルモン活性をもつ化合物としてはテブフェノジドやクロマフェノジドなどがある（図2.6）．JH系のIGR剤は変態抑制に加えて，不妊化や殺卵作用をもち，昆虫によっては後者がおもな殺虫作用となる．一方，脱皮ホルモン系のIGR剤は，処理された昆虫に速やかに脱皮反応を誘導するが，脱皮を正常に終了することができない．このように，脱皮不全を誘導することがホルモンによる主たる殺虫作用である．

JHや脱皮ホルモンは有用昆虫の成長や行動の制御にも用いられている．

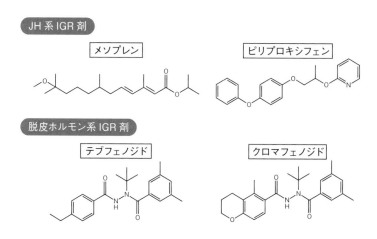

図2.6 代表的なJH系および脱皮ホルモン系IGR剤の化学構造

たとえば，JH 系 IGR 剤を処理して蛹化できないようにしたハチノスツヅリガ（*Galleria mollonella*）の幼虫が養殖ぶどう虫の名で釣り餌として販売されている．また，以前は，カイコの蛹化を遅らせてより大きな繭を得るために JH 系 IGR 剤が，吐糸のタイミングを合わせて作業しやすくするために脱皮ホルモン(20-ヒドロキシエクジソンそのもの)）が養蚕業で用いられていた．

昆虫以外への用途としては，脱皮ホルモンが脊椎動物や植物でホルモン活性をもたないことを逆手に取り，脱皮ホルモン受容体を含むシグナリング構成要素の遺伝子を導入した遺伝子組換え生物を作り，脱皮ホルモンを投与することにより目的とする外来遺伝子の発現を誘導する遺伝子発現誘導系が複数のモデル生物で開発されている．

2 章 参考書

石川良輔 編（岩槻邦男・馬渡峻輔 監修）(2008)『節足動物の多様性と系統』裳華房．

神村 学ら 編（2009）『分子昆虫学』共立出版．

園部治之・長澤寛道 編著（2011）『脱皮と変態の生物学』東海大学出版会．

2 章 引用文献

2-1) Misof, B. *et al.* (2014) Science, **346**: 763-767.

2-2) Clapham, M. E., Karr, J. A. (2012) Proc. Natl. Acad. Sci. USA, **109**: 10927-10930.

2-3) Engel, M. S., Grimaldi, D. A. (2004) Nature, **427**: 627-630.

2-4) 金子隆一（2012）『ぞわぞわした生きものたち』SB クリエイティブ, p. 192-221.

2-5) Harrison, J. F. *et al.* (2010) Proc. Biol. Sci., **277**: 1937-1946.

2-6) Sehnal, F. *et al.* (1986) "Metamorphosis: Postembryonic reprogramming of gene expression in amphibian and insect cells" Gilbert, L. I. *et al.* eds., Academic Press, p. 3-58.

2-7) Truman, J. W., Riddiford, L. M. (1999) Nature, **401**: 447-452.

2-8) 神村 学（2008）蚕糸昆虫バイオテック, **77**: 111-116.

2-9) Erezyilmaz, D. F. *et al.* (2006) Proc. Natl. Acad. Sci. USA, **103**: 6925-6930.

2-10) Belles, X., Santos, C. G. (2014) Insect Biochem. Mol. Biol., **52**: 60-68.

2-11) 石崎宏矩（2008）細胞工学, **9**: 357-362.

2-12) 福田宗一（1977）『現代動物学の課題 5. 変態』日本動物学会編, p. 1-22.

2-13) Kamimura, M., Kiuchi, M. (2002) Gen. Comp. Endocrinol., **128**: 231-237.

2-14) Daimon, T. *et al.* (2015) Proc. Natl. Acad. Sci. USA, **112**: E4226-4235.

2-15) Gotoh, H. *et al.* (2011) PloS One, **6**: e21139.

2-16) Emlen, D. J., Nijhout, H. F. (1999) J. Insect Physiol., **45**: 45-53.

2-17) Okada, Y. *et al.* (2012) Evo. Dev., **14**: 363-371.

2-18) Gotoh, H. *et al.* (2014) PLoS Genetics, **10**: e1004098.

2-19) Lobbia, S. *et al.* (2003) J. Insect Sci., **3**: 11.

2-20) Niitsu, S. *et al.* (2014) PloS One, **9**: e89435.

2-21) Niitsu, S. *et al.* (2008) Cell Tissue Res., **333**: 169-173.

3. 甲殻類の脱皮・変態とホルモン

大平　剛

　甲殻類は硬い殻をもつのが特徴であるが，成長するために殻を脱ぎ捨てる．また，成長していく過程で生活様式にあわせて形態を多様に変化させていく．これらが脱皮と変態である．同じ節足動物に属している昆虫の脱皮や変態は，小学校の理科で扱われているぐらい一般的であるが，甲殻類の脱皮や変態は，それらを解説する書籍すら非常に少ないのが現状である．本章では，甲殻類の脱皮と変態について解説するとともに，内分泌的な制御機構についても述べる．

3.1　成長のための脱皮

　甲殻類は，キチン・タンパク質・炭酸カルシウムからなる硬い**外骨格**をもつ．体のサイズを大きくするためには，その硬い外骨格を脱ぎ捨てる必要がある．すなわち，甲殻類は脱皮を繰り返しながら成長していく．外骨格は外側から上クチクラ，外クチクラ，内クチクラ，上皮細胞の4つの層で構成されている（図3.1）．外クチクラと内クチクラはキチン繊維の周りにタンパク質が結合したキチン・タンパク質複合体からなり，これに炭酸カルシウムが沈着し，**石灰化**することで，外骨格が硬くなる．

　外骨格の石灰化は**脱皮周期**に同調している．脱皮から脱皮の間の期間である**脱皮間期（C期）**から脱皮の準備期間である**脱皮前期（D期）**に移行すると，古いクチクラが分解され，その内側に新たなクチクラ（上クチクラと外クチクラ）が形成され始める．古い外骨格中の炭酸カルシウムは，外クチクラよりも内クチクラから優先的に溶解され，上皮細胞を通じて血中に送られる．オカダンゴムシ（*Armadillidium vulgare*）の場合には，炭酸カルシウムは胸部腹面に運ばれて**胸石**（sternolith）が形成され，アメリカザリガニ（*Procambarus clarkii*）の場合には，炭酸カルシウムは胃に運ばれて**胃石**

3.1 成長のための脱皮

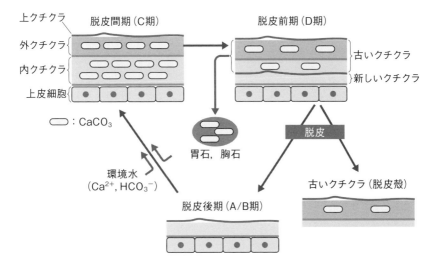

図 3.1 脱皮周期を通じた甲殻類の外骨格の石灰化と脱石灰化

(gastrolith) が形成され，それらにカルシウムを一時的に貯蔵する[3-1]．脱皮の直前には，古いクチクラ中の炭酸カルシウムの大部分は溶解，吸収される．脱皮により古いクチクラが脱ぎ捨てられ**脱皮後期（A/B 期）**へと移行すると，内クチクラの形成が始まる．そして，胸石や胃石として貯蔵していたカルシウムと，環境から取り込んだカルシウムを利用して外骨格の石灰化が起こる．クチクラの形成と外骨格の石灰化が完全に終了すると，C 期へと移行する．

一回の脱皮でどれくらい体が大きくなるのかは，成長段階に依存する（卵から孵化した個体が 1 齢，その後，脱皮を重ねるごとに 2 齢，3 齢と齢数が増える）．ズワイガニ（*Chionoecetes opilio*）の場合では，1 齢から 5 齢までの雌雄判別ができない幼齢の個体では，脱皮後の甲長の増加率は平均 44.4％である．6 齢から 10 齢までの若い個体では，脱皮後の甲長の増加率は雌が平均 35.4％，雄が 36.8％と値が低くなる．雌の最終脱皮にあたる 10 齢から 11 齢への脱皮では，雌個体の脱皮後の甲長の増加率はさらに下がり 17％となる．最終脱皮での成長率の低下は，10 齢で卵巣を成熟させるために多くのエネルギーを消費しているためと考えられている．

3.2 成長以外のための脱皮

　甲殻類が脱皮をする目的は成長のためだけではない．たとえば，歩脚などを**再生**させるための脱皮がある．甲殻類は敵から逃れる目的で，歩脚などを自ら切断して身を守る「**自切**」を行う．自切後，体液が流出しないように傷口は薄い膜で覆われる（図3.2A）．アメリカザリガニの場合は，ハサミを自切してから約1週間後に**再生芽**が観察されるようになり（図3.2B），約11日後にはハサミの形態へと変化して硬化する（図3.2C）．その後，脱皮をすることで，ハサミが再生される(図3.2D)．再生されたハサミの成長度(%)(再生中のハサミの長さ／正常なハサミの長さ× 100) は，個体の大きさに依存する．体長が3 cm の若いザリガニでは一回の脱皮で再生したハサミの成長度は80％近くになる．一方，体長7 cm の成体のザリガニでは一回の脱皮でハサミはわずか40％しか再生しない．体長7 cm のザリガニは年に2回しか脱皮をしないことから，ハサミが元の大きさになるためには何年もかかることになる．

　再生のための脱皮は体を成長させるための脱皮ではないため，脱皮と脱皮の間隔が短くなる[3-2]．平均甲長約15 mm のヒライソガニ（*Gaetice depressus*）の脱皮間隔は約65日であるが，歩脚の左右一対を除去すると脱皮間隔は約50日に短くなる．鉗脚および歩脚をすべて除去すると脱皮間隔は半分以下の約27日にまで短縮される．また，脱皮による体長の増加率も歩脚の除去数に依存して減少する．鉗脚および歩脚をすべて除去したヒライソガニでは脱皮後の甲長の増加率はわずか1％である．この値からも，再生のための脱皮が成長のための脱皮とは別物であることがわかる．

　脱皮は生殖とも深く関連している．クルマエビ（*Marsupenaeus japonicus*）の雌は脱皮後の殻が柔らかい状態のときに雄と交尾をする．交尾では雄から精子の入った精莢を雌が受け取り，精莢は雌の受精嚢内に入り，産卵・受精まで保存される．受精嚢内の精莢は雌が脱皮をすると古い殻とともに脱落するため，産卵・受精が終わるまでは脱皮しない．

　雌が抱卵するテナガエビ科のオニテナガエビ（*Macrobrachium rosenbergii*）

3.2 成長以外のための脱皮

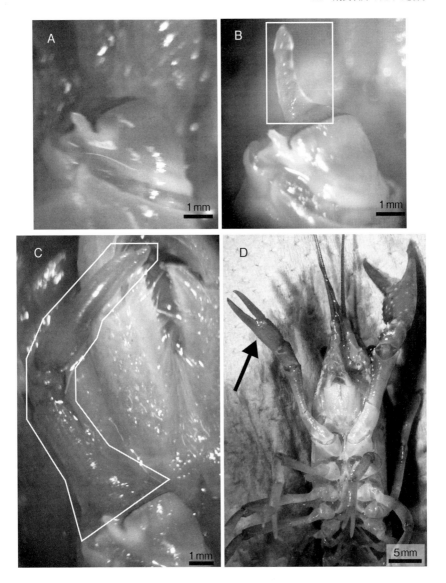

図3.2 体長約60 mmのアメリカザリガニにおける自切後のハサミの再生
A：自切4日後，B：自切8日後，C：自切17日後，D：再生脱皮2日後
白囲み (B)：再生芽，白囲み (C)：ハサミの形態に変化した再生芽，矢印：再生したハサミ（撮影：小暮純也氏）

では，脱皮（通常脱皮および産卵脱皮のどちらの場合もある）をした後から卵黄形成を始め，次の産卵脱皮と呼ばれる脱皮の前には成熟した卵巣をもつようになる．そして，産卵直前の状態で産卵脱皮をした後に雄と交尾をし，産卵，抱卵にいたる．抱卵した雌は卵を脱落させないために脱皮しない．カニの仲間では，成熟に達するときの脱皮を成熟脱皮と呼ぶ．成熟脱皮後に交尾・産卵するが，成熟脱皮では抱卵しやすいような形態に雌の腹節が変化する[3-3]．これら生殖のために行う脱皮は，雌の生殖過程において多くのエネルギーが消費されることから，脱皮後の成長率は低い．

3.3 多様な変態の様式

甲殻類と同じ節足動物に属する昆虫の多くは，種が違っても共通の生活史を送る．これまでに記載されたおよそ100万種の昆虫のうち，80％以上が完全変態昆虫である（2.3節参照）．完全変態昆虫は，卵が孵化した後，数齢の幼虫期を経て蛹になり，そして羽化して成虫になる．一方，甲殻類の生活史は種によって大きく異なる．ここでは比較的よく調べられているクルマエビとガザミ（*Portunus trituberculatus*）について述べる．

クルマエビ科のエビ類は世界各地で盛んに養殖が行われている．そのため，幼生飼育や種苗生産が事業レベルまたは試験レベルで行われている種も多い．これまでに，クルマエビ，フトミゾエビ（*Melicertus latisulcatus*），クマエビ（*Penaeus semisulcatus*），ウシエビ（*Penaeus monodon*），タイショウエビ（*Fenneropenaeus chinensis*），モエビ（*Metapenaeus moyebi*），ヨシエビ（*Metapenaeus ensis*）の幼生発育過程についての報告があるが，これらすべての種で幼生段階や齢数が共通していることから，ここではクルマエビについて述べる（図3.3）．

成熟したクルマエビの雌は泳ぎながら放卵する．卵径はわずか約0.2 mmで，産卵後13時間から14時間で孵化する．孵化直後の幼生は**ノウプリウス**と呼ばれ，体長は約0.3 mmである（図3.3 A1）．ノウプリウスは1齢から6齢まであり，栄養を体内の卵黄に依存しており摂餌しない．約36～37時間に6回の脱皮を行い，体長約0.9 mmの**ゾエア**1齢へと変態する（図3.3

3.3 多様な変態の様式

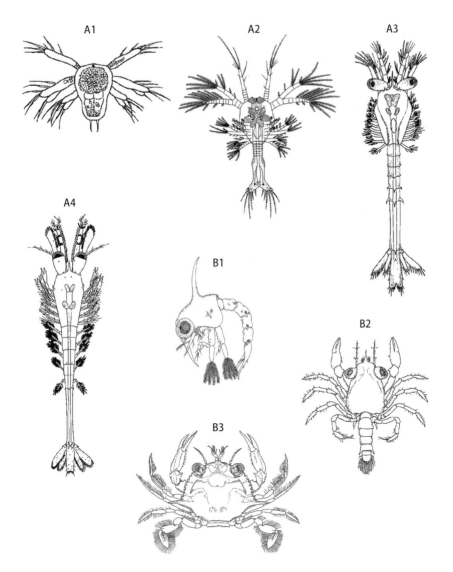

図 3.3　クルマエビの幼生（A1 から A4）とガザミの幼生（B1 から B3）
A1：ノウプリウス 1 齢, A2：ゾエア 1 齢, A3：ミシス 1 齢, A4：ポストラーバ 1 齢,
B1：ゾエア 1 齢, B2：メガロパ, B3：幼ガニ 1 齢.
（石原勝敏 編, 1996 より許可を得て転載）

A2).ゾエアは1齢から3齢までであり,この時期から珪藻類などの微小な植物プランクトンを摂餌するようになるが,遊泳動作は緩慢である.4日間に3回の脱皮を行い,体長約2.8 mmの**ミシス**1齢に変態する(**図3.3 A3**).ミシスは1齢から3齢までであり,エビに近い形態となる.ミシスは頭を下にして活発に泳ぎ回り,動物プランクトンのような大きな餌を捕食する.3日間に3回の脱皮を行い**ポストラーバ**に変態する(**図3.3 A4**).ポストラーバになると歩脚は摂餌および匍匐器官として機能するようになり,腹部に新生した遊泳肢を用いて水平に遊泳するようになる.ポストラーバの形態はほぼ成体と近いことから,ミシスからポストラーバへの変態がクルマエビの最終変態であり,さらにポストラーバが10回から12回の脱皮を重ねると,成体が行うような潜砂行動を示すようになる.

　ワタリガニの仲間のガザミはクルマエビとは違った変態を行う(**図3.3**).ガザミはクルマエビと違って産卵後に卵を抱卵する.産卵直後の卵径は約0.3 mmで,雌ガニの腹肢の毛に卵殻を付着させて,孵化するまで親ガニが保育する.抱卵中に胚発生が進み,卵内ではノウプリウスを経てプレゾエアとなる.そして,孵化とともにプレゾエアが脱皮してゾエア1齢となる.ゾエア1齢の甲長は約0.5 mmで,上下に長い棘をもつなど,クルマエビのゾエアとはまったく形態が異なる(**図3.3 B1**).ゾエア1齢から2齢はワムシなどの動物プランクトンを摂餌する.ゾエア3齢になるとアルテミアなどの動物プランクトンも摂餌するようになる.ゾエア幼生は1齢から4齢までであり,約10日間に4回の脱皮を行い**メガロパ**に変態する.メガロパの甲長は約2 mmで,カニに特徴的なハサミが観察されるようになる(**図3.3 B2**).メガロパは動物プランクトンばかりでなく,アサリなどの二枚貝の肉片も食べる.メガロパになってから約5日後に脱皮をして幼ガニ1齢に変態する(**図3.3 B3**).幼ガニ1齢の甲長は約2.5 mm,甲幅は約3 mmで,さらに1〜2回脱皮をした後に底生生活に移行する.

　ここでは詳述しないが,イセエビ(*Panulirus japonicus*)の場合は**フィロソーマ**と呼ばれる幼生段階で約300日間の浮遊生活を送る.その間に,フィロソーマ幼生は25回前後も脱皮をする.一方,アメリカザリガニは親とほぼ同じ

形態の稚ザリガニの状態で孵化をする．このように，幼生の形態，幼生期の長さ，脱皮の回数など，甲殻類の変態の様式は非常に多様である．甲殻類の幼生の形態や発生過程は系統関係を反映していない場合も多いことから，甲殻類の変態の多様性は，それぞれの幼生の生息環境への適応の結果と考えられている．

3.4 脱皮・変態を制御するホルモンの役割

脱皮の研究は同じく節足動物に属する昆虫において古くから行われてきた（2.7節参照）．1940年に福田が，昆虫の脱皮を誘導するホルモンが**前胸腺**（ぜんきょうせん）から分泌されていることを明らかにした．1954年，脱皮ホルモン活性をもつ分子として**エクジソン**が単離され，続いて1956年に，**20-ヒドロキシエクジソン**が単離された．そして，1965年にX線解析によりエクジソンの構造が決定された．翌年の1966年，甲殻類からも20-ヒドロキシエクジソンが単離された．その後，類似の構造をもつ物質が植物からも多数同定され，これらの物質は**エクジステロイド**と総称されるようになった．昆虫と同様に甲殻類においても，エクジステロイドが脱皮を引き起こす．その後，甲殻類のエクジステロイドはY器官と呼ばれる組織で合成されることが，*in vitro*の培養実験で確かめられた．

エクジステロイド以外に脱皮を制御する因子として，**眼柄**（がんぺい）内に存在する**脱皮抑制ホルモン**（molt-inhibiting hormone：MIH）が知られている．1905年にゼレニー（Zeleny）はカニの眼柄を切除すると，脱皮の間隔が早まることを見いだし，眼柄内に脱皮を抑制する因子が存在することを初めて示唆した[3,4]．一方，組織学的研究から，眼柄の終随と呼ばれる神経組織に神経分泌細胞群（**X器官**）が存在し，これらの神経分泌細胞群から伸びる軸索の末端が集まって神経血液器官（**サイナス腺**）を形成していることが明らかにされた（**図3.4**）．これより，脱皮を制御するホルモンはX器官で合成され，サイナス腺中に一時的に貯蔵された後，血リンパ（開放血管系をもつ節足動物などの血液）中へ放出されると考えられるようになった．その後，眼柄切除によって血中エクジステロイド量が増加すること，およびサイナス腺抽出

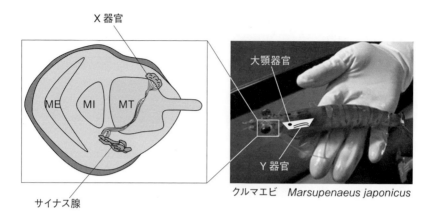

図 3.4 クルマエビのX器官／サイナス腺系，Y器官および大顎器官の分布
ME：外髄，MI：内髄，MT：終髄

物がY器官からのエクジステロイドの分泌を抑制することが示された．そしてついに，1991年に，ミドリガニ（*Carcinus maenas*）のサイナス腺から初めてMIHが単離された[3-5]．

以上に述べた甲殻類の脱皮の主要な内分泌制御機構は，同じ節足動物に属する昆虫と類似している．すなわち，甲殻類も昆虫も共通の分子（エクジステロイド）を**脱皮ホルモン**として利用している．しかし，同じエクジステロイドの合成器官であっても甲殻類のY器官と昆虫の前胸腺とでは制御機構はまったく異なっている．前述したように，甲殻類の場合はMIHがY器官でのエクジステロイド合成を抑制的に制御している．一方，昆虫の場合は，脳で合成される**前胸腺刺激ホルモン**（prothoracicotropic hormone：PTTH）が前胸腺でのエクジステロイド合成を促進的に制御している（2.7節参照）．このような甲殻類と昆虫におけるエクジステロイド合成の制御機構の相違点は，比較内分泌学的に注目されている．

3.5 脱皮ホルモン（エクジステロイド）の働き

甲殻類のエクジステロイドの産生器官であるY器官は頭胸部の側面に左右一対存在する微小な組織である（図3.4）．Y器官でのエクジステロイドの

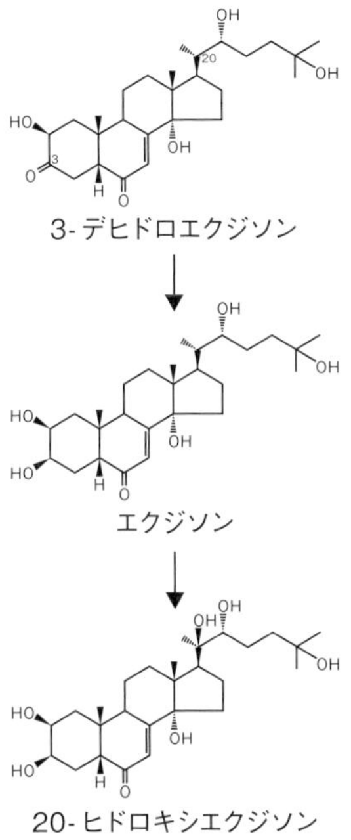

3.5 脱皮ホルモン（エクジステロイド）の働き

3-デヒドロエクジソン

↓

エクジソン

↓

20-ヒドロキシエクジソン

図3.5 クルマエビのエクジステロイド

生合成経路は，昆虫の前胸腺における生合成経路と大部分が一致していると考えられている．Y器官から分泌されるエクジステロイドは種によって異なる．クルマエビの場合は，**3-デヒドロエクジソン**とエクジソンがY器官から分泌されている（**図3.5**）．分泌された3-デヒドロエクジソンは周辺組織で3位が還元されてエクジソンとなった後，20位が水酸化されて20-ヒドロキシエクジソンへと変換される（**図3.5**）．

　脱皮周期にともなう血リンパ中のエクジステロイド濃度の変化は，多くの甲殻類で調べられている．ここでは，アメリカザリガニを例として示した（**図3.6**）．脱皮間期（C期）には血リンパ中のエクジステロイド（おもに20-ヒドロキシエクジソン）レベルは非常に低い状態に保たれている．脱皮前期（D期）前半（D1期）になるとエクジステロイドレベルのわずかな上昇が始まり，D期中盤（D2期）には急激にエクジステロイドレベルが上昇する．脱皮直

3章　甲殻類の脱皮・変態とホルモン

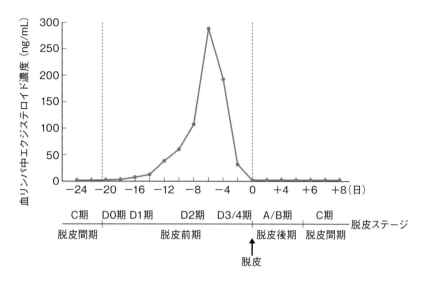

図 3.6　アメリカザリガニの脱皮周期にともなう血リンパ中のエクジステロイド濃度の変動
（園部治之・長澤寛道 編，2011 より）

前の D 期後半(D3/D4 期)になるとエクジステロイドレベルは一気に減少し，その後，脱皮が起こる．脱皮後期（A/B 期）のエクジステロイド濃度は低い状態に保たれる．この血リンパ中のエクジステロイド濃度の変動パターンは，種によって脱皮周期の長さに違いはみられるものの，多くの甲殻類でよく似ており，クルマエビでも同様の結果が得られている[3-6]．以上のことは，甲殻類においてエクジステロイドが共通して脱皮を促進することを示す．

3.6　脱皮抑制ホルモン（MIH）の働き

クルマエビを中心に MIH の働きを解説する[3-7]．クルマエビを含む十脚目のサイナス腺には，いくつかの生理活性を有する神経ペプチドが貯蔵されている．それら神経ペプチドのうち，**甲殻類血糖上昇ホルモン**（crustacean hyperglycemic hormone：CHH），**卵黄形成抑制ホルモン**（vitellogenesis-inhibiting hormone：VIH），**大顎器官抑制ホルモン**（mandibular organ-

3.6 脱皮抑制ホルモン（MIH）の働き

inhibiting hormone：MOIH）および MIH の 4 種類はお互いにアミノ酸配列が類似しており，**CHH 族**と呼ばれるペプチドファミリーを形成している．クルマエビにおいては，サイナス腺抽出物から 7 種類の CHH 族ペプチド（Pej-SGP-I 〜 VII）が精製・単離され，アミノ酸配列が決定された（図 3.7）．それら 7 種類の CHH 族ペプチドをアメリカザリガニ Y 器官の *in vitro* 培養系に添加したところ，Pej-SGP-IV は Y 器官でのエクジステロイド合成を抑制する活性（脱皮抑制活性）を示し，その活性は 7 種類の CHH 族ペプチドの中で最も強かった（図 3.7）．残りの 6 種類はおもに血糖上昇活性や，卵巣でのビテロジェニン合成抑制活性（卵黄形成抑制活性）を示した（図 3.7）．これらの結果より，Pej-SGP-IV がクルマエビの MIH であると推定された．アメリカザリガニが生物検定に用いられたのは，アメリカザリガニ Y 器官の *in vitro* 培養系がすでに確立されていたことと，クルマエビでは Y 器官を傷つけずに摘出することが難しいためである．その後，大腸菌発現系を使って組換え Pej-SGP-IV が作製され，それをクルマエビに注射すると，脱皮の時期が遅くなること，および血リンパ中のエクジステロイド濃度が低下する

```
                N末端      10         20          30          40          50         60          70    C末端
Pej-SGP- I  : SLFDPSCTGVF DRQLLRRLGRVCDDCFNVFREPNVATECRSNCYNNPVFRQCMEYVVPAHLHNAHREAVQMV(amide)
Pej-SGP- II : SLFDPSCTGVF DRQLLRRLGRVCDDCFNVFREPNVAMECRSNCYNNPVFRQCMEYLLPAHLHDEYRLAVQMV(amide)
Pej-SGP-III : SLFDPACTGIY DRVLLGKLGRLCDDCYNVFREPKVATGCRSNCYHNLIFLDCLEYLIPSHLQEEHMAAMQTV(amide)
Pej-SGP-IV  : SFIDNTCRGVMGNRDIYKKVVRVCEDCTNIFRLPGLDGMCRNRCFYNEWFLICLKAANREDEIEKFRVWISILNAGQ
Pej-SGP- V  : LVFDPSCAGVY DRVLLGKLNRLCDDCYNVFREPNVAMECRSNCFYNLAFVQCLEYLMPPSLHEEYQANVQMV(amide)
Pej-SGP-VI  : LVFDPSCAGVY DRVLLGKLNRLCDDCYNVFREPNVAMECRSNCFYNLAFVQCLEYLLPPSLHEEYQANVQMV(amide)
Pej-SGP-VII : AAFDPSCTGVY DRELLGRLSRLCDDCYNVFREPKVAMECRSNCFFNPAFVQCLEYLIPAELHEEYQALVQTV(amide)
```

Pej-SGP-	I	II	III	IV	V	VI	VII
脱皮抑制活性	−	−	−	+++	+	+	ND
血糖上昇活性	++	+	++	−	+++	+++	+++
卵黄形成抑制活性	++	++	++	−	++	++	++

I, II, III: CHH/VIH　　IV: MIH　　V, VI, VII: CHH/VIH

図 3.7　クルマエビの甲殻類血糖上昇ホルモン（CHH）族ペプチドのアミノ酸配列と生物活性
ボックス：保存された 6 個のシステイン残基（C），ND：未検定，
MIH：脱皮抑制ホルモン，VIH：卵黄形成抑制ホルモン

3章 甲殻類の脱皮・変態とホルモン

ことが確かめられた．また，放射性標識した組換え Pej-SGP-IV はクルマエビ Y 器官の膜画分と特異的に結合することがわかった．これらの結果より，Pej-SGP-IV はクルマエビの真の MIH と考えられるようになった．これ以降，本稿では Pej-SGP-IV をクルマエビ MIH とする．

クルマエビの Pej-SGP-I 〜 VII はともに CHH 族のメンバーであり，お互いに類似したアミノ酸配列を有している（図3.7）．しかし，MIH と 6 種類の CHH/VIH（Pej-SGP-I 〜 III および V 〜 VII）のアミノ酸配列を比較すると，C 末端側のアミノ酸配列の相同性が極端に低い（図3.7）．また，MIH の C 末端は修飾されていないが，CHH/VIH の C 末端はすべてアミド化されている．これらのことから，C 末端側の領域が MIH の生物活性に重要であると予想された．また，核磁気共鳴法による解析から，立体構造上で N 末端に近い部位には，MIH では α ヘリックスが存在するが，CHH/VIH には存在しないことも明らかとなった（図3.8）．そのため，MIH の機能部位は α1 を含んだ領域と C 末端側の領域と推定された．

MIH は眼柄内の X 器官で合成され，サイナス腺に一時貯蔵された後，血

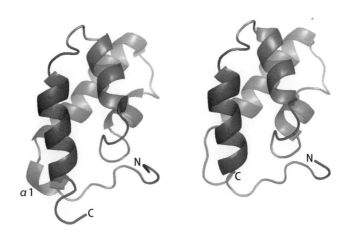

図3.8　クルマエビの脱皮抑制ホルモン（MIH）（左）と，甲殻類血糖上昇ホルモン／卵黄形成抑制ホルモン（CHH/VIH）の 1 つ Pej-SGP-III（右）の立体構造モデル
α1：MIH に特徴的な α ヘリックス，N：N 末端，C：C 末端

3.6 脱皮抑制ホルモン（MIH）の働き

リンパ中へ分泌される．Y器官は脱皮前期の短期間のみ活性化されエクジステロイドを合成・分泌することから（図3.6），MIHは脱皮前期にのみ血中量が減少し，Y器官の抑制を解除していると考えられてきた．この仮説は古くから提唱されてきたが，実際にMIHの血中動態を調べた研究は長らくなかった．2003年，甲南大の仲辻らは2抗体サンドイッチ型の時間分解蛍光免疫測定法を確立し，アメリカザリガニの脱皮周期にともなう血中MIHの

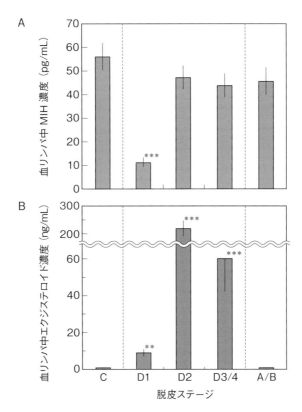

図3.9 アメリカザリガニの脱皮周期にともなう血リンパ中のMIH濃度（A）とエクジステロイド濃度（B）の変動
値は平均値±標準誤差で示している（$n = 13 \sim 24$）．
：$P < 0.01$，*：$P < 0.001$（統計学的検定によりC期と比較した場合）（園部治之・長澤寛道 編，2011より）

変動を明らかにした．アメリカザリガニ MIH は血リンパ中のエクジステロイドが最も上昇する D2 期の前の D1 期に減少しており，先に述べた仮説が正しいことが証明された（図 3.9）．また，仲辻らは Y 器官自身の MIH 感受性の変動も調べた．その結果，アメリカザリガニ Y 器官の MIH 感受性は C 期で最も高く，D1 期になると低下していき，D2 期および D3/4 期に最も低くなり，A/B 期に回復した．このように，Y 器官のエクジステロイド合成は血リンパ中の MIH 濃度の変動によって調節されているだけでなく，Y 器官自体の MIH 感受性の変動によっても調節されていることが明らかとなった．

3.7　幼若ホルモン様分子（ファルネセン酸メチル）の働き

昆虫では**幼若ホルモン**が幼生形質の維持に働くことで，幼虫から幼虫への脱皮をするか，変態をともなう脱皮をするかを制御している（2.7 節参照）．同じ節足動物の甲殻類でも，**ファルネセン酸メチル**（methyl farnesoate：MF）という，昆虫の幼若ホルモンとよく似た分子が**大顎器官**で合成されている（図 3.4）[3-8]．MF は，昆虫の幼若ホルモンの 1 種（JH III）の前駆体であることから，甲殻類の幼若ホルモンではないかと考えられてきた．MF は甲殻類において幼生形質の維持に働くとする報告も数例あるものの，その効果が JH III などの昆虫の幼若ホルモンよりも弱いことから，一般的に甲殻類の幼若ホルモンとしては受け入れられていない．一方，MF が甲殻類の脱皮の促進に関わっているという報告もいくつか存在する．アメリカイチョウガニ（*Metacarcinus magister*）の Y 器官の *in vitro* 培養系に MF を添加すると，Y 器官でのエクジステロイド合成が促進された．また，オニテナガエビでは，血中エクジステロイドレベルが上昇を始める前に MF レベルが上昇していた．これらの結果は，MF が甲殻類の脱皮を促進的に制御している可能性を示唆している．しかし，このような報告も数が少ないのが現状であり，MF と脱皮・変態との関連性については，今後のさらなる研究が必要である．本章で扱う内容ではないが，昆虫の幼若ホルモンは成虫期の卵成熟を促進的に制御している．実際に，甲殻類でも MF が生殖に関与していることを示す報告例がいくつかある．クモガニ科の 1 種（*Libinia emarginata*）では血リン

パ中の MF レベルが生殖周期を通じて変動していた．また，*L. emarginata* の大顎器官を未熟な雌ガニに移植すると卵成熟が促進された．しかし，オニテナガエビでは成熟期と未成熟期で血リンパ中の MF レベルに有意な差は観察されなかった．甲殻類の MF の生殖調節作用は種によって異なる可能性がある．

コラム 3.1
甲殻類の眼柄切除実験

アメリカザリガニの眼柄を外科的に切除すると，MIH の合成・貯蔵器官である X 器官／サイナス腺系を体内から取り除くことができる．その結果，MIH の抑制が解除されて，Y 器官でのエクジステロイド合成が活性化される．そして，眼柄を切除したアメリカザリガニは数日後に脱皮をする．ここまでは，多くの人が想像できる結果だと思う．それでは，その後，眼柄を切除したアメリカザリガニの飼育を続けるとどうなるのか？ じつは，眼柄がないアメリカザリガニは周期的に脱皮を繰り返しながら成長する．すなわち，眼柄がないアメリカザリガニも脱皮周期を継続することが可能である．これは，眼柄がないアメリカザリガニも，通常の個体と同様に脱皮前期（D 期）に Y 器官でエクジステロイドが合成されていることを示している．実際に，オニテナガエビでは，眼柄がなくても血リンパ中のエクジステロイドの変動が続くことが明らかにされている．眼柄がないアメリカザリガニやオニテナガエビには MIH による抑制系が存在しないことから，抑制解除により Y 器官でのエクジステロイド合成を活性化することはできない．すなわち，眼柄の MIH 以外に，Y 器官を規則的に活性化する機構が備わっているはずである．眼柄を切除すると大顎器官が発達することから，大顎器官で合成される MF が脱皮促進ホルモンではないかという説もあった．しかし，今のところ MF が本命とは考えられてはいない（3.7 節参照）．甲殻類に脱皮促進ホルモンは存在するのか？ それとも Y 器官自身にエクジステロイド合成のリズムが備わっているのか？ いまだに，甲殻類の脱皮にはわからないことがたくさんあるのだ．

3.8 おわりに

甲殻類の脱皮の研究の歴史は非常に古く，3.4 節で述べた 1905 年のゼレニー（Zeleny）の実験にまでさかのぼる．それから約 100 年後の 2003 年，MIH の血中レベルが明らかにされ，MIH の立体構造も明らかにされた．近年，MIH の細胞内セカンドメッセンジャーに関する研究も行われるようになってきたが，MIH 受容体やシグナル伝達経路をつなぐ分子群はいまだ未同定である．今後，これら MIH の分子認識機構が解明されることを期待している．

エビやカニなどの甲殻類は水産食糧資源として重要なばかりでなく，海洋生態系において食物連鎖の維持に重要な役割を果たしている．甲殻類の脱皮・変態のメカニズムの解明は，甲殻類を食料として安定供給していくための新たな技術の確立に発展していく可能性がある．これらのことから，甲殻類の脱皮・変態に関する内分泌学的な研究は重要と思われる．しかし，この分野の研究者は国内外も含めて非常に少ないのが現状であり，日本の若手研究者に至っては数名足らずである．本章を読んで，甲殻類の脱皮・変態に興味をもってくれる大学生が増え，その中から同分野の研究を牽引してくれる研究者が育ってくれることを願っている．

3 章 参考書

朝倉 彰 編（2003）『甲殻類学』東海大学出版会.

石原勝敏 編（1996）『動物発生段階図譜』共立出版.

Justo, C. C. 編（1990）『世界のエビ類養殖』緑書房.

奥村卓二・水藤勝喜 編（2014）『クルマエビ類の成熟・産卵と採卵技術』愛知県水産業振興基金.

大澤一爽（1984）『ザリガニを主材とした 甲殻類の実験-33 章』共立出版.

園部治之・長澤寛道 編著（2011）『脱皮と変態の生物学』東海大学出版会.

3 章 引用文献

3-1) 園部治之・仲辻晃明（2002）化学と生物, **40**: 101-108.

3-2) 加藤一夫・鈴木 博（1985）横浜国立大学教育学部理科教育実習施設研究報告, **2**: 1-8.

3-3) 渡邊精一（1997）水産増殖, **45**: 305-313.

3-4) Zeleny, C. (1905) J. Exp. Zool., **2**: 1-102.

3-5) Webster, S. G. (1991) Proc. R. Soc. Lond. B, **244**: 247-252.

3-6) Okumura, T. *et al.* (1989) Nippon Suisan Gakkaishi, **55**: 2091-2098.

3-7) Katayama, H. *et al.* (2013) Aqua-BioSci. Monogr., **6**: 49-90.

3-8) Homola, E., Chang, E. S. (1997) Comp. Biochem. Physiol., **117B**: 347-356.

4. 境界動物の内分泌系と変態にみる脊椎動物への進化の足跡

窪川かおる

　脊椎動物の内分泌機構は，独立した内分泌器官と多様な構造の内分泌物質が，複雑に関連してさまざまな作用をもたらすしくみである．このような機構がどのように構築されてきたかは，進化の歴史をひも解いてはじめて知ることができる．その進化の過程を残しているのは，無脊椎動物と脊椎動物の境界に位置する動物たち，すなわち境界動物たちである．彼らと脊椎動物とを比較し，内分泌機構の進化の巧みさと重要さを考えたい．

4.1　境界動物とは何か

4.1.1　無脊椎動物と脊椎動物

　現在，地球上に生息する真核生物の種類は，推定で870万種（±130万種）にもなるという[4-1]．時代を遡ると，これらすべての生物の祖先は，5億3千万年前のカンブリア紀には，分類群の門のレベルですでに出現していたとされる．カナダのバージェスと中国のチェンジャン（澄江）はカンブリア紀の化石の代表的な発掘場所で，今も新種の発見が続く．とくに**バージェス頁岩化石生物群集**は，S. J. グールド（Stephan Jay Gould）が1989年に著した「ワンダフル・ライフ：バージェス頁岩と生物進化の物語—」で紹介されると，世界中の読者に驚きと進化への関心を起こさせた．とくに脊椎動物の祖先がすでにカンブリア紀にいたことが最大の驚きではなかっただろうか．

　無脊椎動物から脊椎動物への進化の過程は，化石の研究以外に，現生動物の祖先型を類推することからも可能である．たとえば，脊椎動物の祖先において脊索から背骨になるスイッチがどのように入ったのかを発生過程や祖先形態を残す動物間の比較から調べ推測することができる．

脊椎動物は発生初期に必ず**脊索**（notochord）をもつことから**脊索動物門**（Chordata）**脊椎動物亜門**（Vertebrata）に分類される．脊索動物門には，ほかに**尾索動物亜門**（Urochordata）と**頭索動物亜門**（Cephalochordata）がある．これら3亜門をそれぞれ門にする提案があるが[4-2]，本章では亜門のままで進める．尾索動物はホヤ，頭索動物はナメクジウオ（lancelet）が代表的な動物であり，尾索動物のほうが脊椎動物に近縁である（1章の図1.1参照）．尾索動物では，カタユウレイボヤ（*Ciona intestinalis*），マボヤ（*Halocynthia roretzi*）が，頭索動物では，フロリダナメクジウオ（*Branchiostoma floridae*），日本産ナメクジウオ（*B. japonicum*），中国産ナメクジウオ（*B. belcheri*）が研究によく用いられている．

一方，**無顎類**（Agnatha）はもっとも原始的な脊椎動物のグループで，ヤツメウナギ類（lamprey）とヌタウナギ類（hagfish）がそれに属する．本章では尾索類，頭索類，無顎類の3グループを合わせて**境界動物**と呼び，無脊椎動物から脊椎動物への内分泌機構の進化を考えたい．まず境界動物の各グループについて簡単に紹介する．

4.1.2　無顎類

脊索動物に共通する特徴は，原腸期胚の背側の神経索の下側に脊索が形成されることである．脊椎動物の脊索は発生の進行にともない消失して**脊椎骨**（軟骨または硬骨）が形成される．しかし無顎類の成体には脊索が残っている．ほかの特徴は名前のとおり顎がないことである（**図4.1**）．この点で一般的な魚類とは区別されるが，広義の魚類に含められることもある．なお，脊椎動物から無顎類をのぞいたグループを顎口類（有顎類）（**図1.1**）と呼ぶ．

無脊椎動物から脊椎動物への進化の過程の大きなイベントは，**全ゲノムの重複**が2回起きた（WG2）ことである．これが起きたのが，無顎類の祖先の出現前か後かに関心が集まっている．ゲノム重複によって機能遺伝子の構造と機能の多様性が生じ，より複雑な生体機能や役割分担ができるようになるため，WG2は画期的な進化のイベントである．*Hox*遺伝子がWG2の例としてよく挙げられる．大部分の脊椎動物では*Hox*遺伝子の基本セット（ク

4章　境界動物の内分泌系と変態にみる脊椎動物への進化の足跡

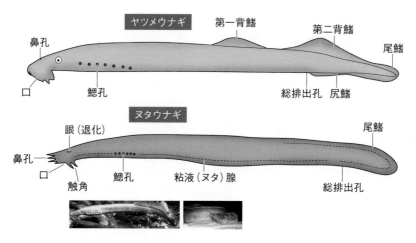

図4.1　ヤツメウナギ（上，左下）とヌタウナギ（下，右下）の外観の模式図と写真

ラスター）が4セットあり，それぞれが4本の異なる染色体上に連なって並ぶ．すなわち4本のクラスターがある．このクラスターは1回目の全ゲノム重複（WG1）前にその祖先が出現したショウジョウバエでは1本しかない．ナメクジウオでもクラスターは1本である[4-3]．ホヤの hox 遺伝子では基本セットの一部が欠けているが，ほぼクラスター1本に相当する．ヤツメウナギのゲノム解析は2015年では途中であるが，クラスターで考えると6本以上の可能性がある[4-4]．ヌタウナギのゲノム解読は進行中であり，WG2がいつ起きたかの検討が続いている．

4.1.3　尾索動物

尾索動物は，ホヤ類，タリア類，尾虫類の3綱からなる．ホヤ類の幼生は外見からオタマジャクシ型幼生と呼ばれる（図4.2）．幼生の尾部の脊索は，固着性のホヤでは変態にともなって消失する．カタユウレイボヤは全ゲノムが解読された最初の海産無脊椎動物である[4-5]．その全ゲノムサイズはおよそ200 Mbでヒトの15分の1であり，遺伝子モデル数はおよそ20,000である[4-6]．マボヤなどを食する日本では，ホヤの生態・生理・発生などの基本

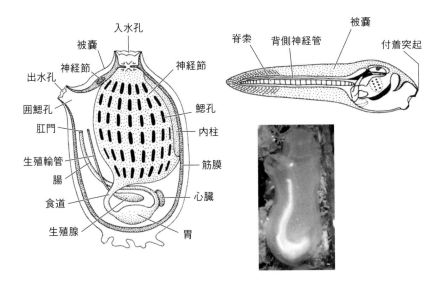

図 4.2　ホヤの成体（左）およびオタマジャクシ型幼生（右）の体制の模式図
写真はカタユウレイボヤ．図は許可を得て転載．（引用文献 4-47, 4-48 より一部改変．作図：川島逸郎氏）

的な情報が蓄積されており，研究の後ろ盾になった．カタユウレイボヤは遺伝子改変等の技術が確立され，進化研究の卓越したモデル実験動物の1つとして利用されている．他方，尾索動物の種類は多く，生活史は多様である．無性生殖と有性生殖，群体と単体，固着と遊泳など，多岐にわたる形質をもつ興味深いグループである．

カタユウレイボヤでは脊椎動物に固有な機能遺伝子の多くが欠失している．しかし，丹念に探していくと，類似した機能をもつ遺伝子を発現している細胞や細胞集団が見つかる場合がある[4-7]．一方，脊椎動物と同じ機能を異なる物質が担う場合もある[4-8]．さらに尾索動物内でもっとも分岐が早いとされるオタマボヤ類のワカレオタマボヤ（*Oikopleura dioica*）のゲノムも解読された[4-9, 4-10]．そのゲノムは脊索動物では最小サイズの 64 Mb であり，遺伝子モデル数はおよそ 15,000 である．尾索動物の間での比較ゲノム解析からも脊索動物への進化のしくみが見えてくると期待される．

4.1.4 頭索動物

頭索動物，いわゆるナメクジウオ，には3属およそ30種がある（図4.3）．幼生は脊索をもったまま成体になるが，脊索はパラミオシンと脊索固有のアクチンからなる筋肉細胞の連なりで，コラーゲンの厚い鞘で覆われている[4-11]．体長4～5 cmの細長い半透明の体で，眼・耳・鼻といった感覚器官はない．神経索の先端部は脳胞と呼ばれ，ここより後方の中・後半部とは神経細胞の種類が異なる．餌のプランクトンは口から水と一緒に吸いこまれ，咽頭を通って胴体後部の腸に入る．ゲノムサイズはおよそ550 Mbで遺伝子モデル数はおよそ21,600である[4-12]．その中にはヒトと相同性のある遺伝子も少なくない．

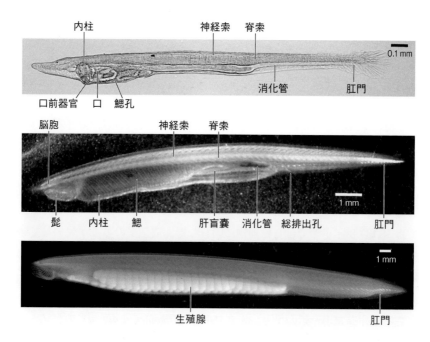

図4.3　ナメクジウオの7日齢幼生（上），若齢個体（中），繁殖期の成体（下）の外観と体制
雌雄異体で，繁殖期には卵巣は黄色，精巣は白色となり見分けることができる．

4.2 無顎類における下垂体の発生

　第2巻第1部のテーマである発生に関して，下垂体に注目したい．下垂体は脊椎動物に特有な器官であり，生体調節に不可欠な複数の機能をもつ．脊椎動物の下垂体は腺下垂体（adenohypophysis）と神経下垂体（neurohypophysis）の2部分からなり，それぞれ，腺下垂体は口陥（stomodeum）から，神経下垂体は脳の間脳底部（diencephalon floor）から形成される．マウスでは胎齢7.5日頃から下垂体の形成が始まり[4-13]，口腔上皮が陥入（口陥）して**ラトケ嚢**（Rathke's pouch）と呼ばれる構造を経て腺下垂体ができる．陥入した部分に近い脳の底部は漏斗状に下方に突き出し（infundibulum），ここが神経下垂体となる．口腔とラトケ嚢を連結している部分は発生が進むと消失して腺下垂体が切り離される．この下垂体の発生の初期過程は，BMP，WNT，Shh，FGFなどの転写調節因子によって制御されている．その後，下垂体の分泌細胞の働きが活性化してくると，下垂体ホルモン自体も細胞分化を調節するようになる．

　ヤツメウナギとヌタウナギの成体では，下垂体は外に開く**鼻下垂体管**の近くにある[4-14]（図4.4）．ヤツメウナギの鼻下垂体管は頭部の背側に開き，下垂体は鼻下垂体管の底部の軟骨に埋まっている．そのため慣れないと解剖しても簡単には下垂体を見つけられず，見つけても容易には取りだせない．ヌタウナギの下垂体は，鼻下垂体管をたどって行けば見つかる位置にある．

　ヤツメウナギの成体の腺下垂体は，結合組織の膜で隔てられた3領域に区分される[4-15]．ヌタウナギでは，下垂体ホルモンごとに産生細胞が集合している[4-16]．両者ともに神経下垂体と腺下垂体との間の結合組織には，脊椎動物の下垂体門脈のような血管系はなく[4-17]，腺下垂体と神経下垂体をつなぐ特別な構造はない．視床下部で合成された神経ホルモンが，神経下垂体から結合組織中に放出され，拡散により腺下垂体に到達すると考えられている[4-18, 4-19]．ホルモンの運搬方法は，拡散から血管系を介する確実な方向に進化したと推測される．

　ヤツメウナギとヌタウナギの腺下垂体は，外胚葉の陥入に由来してできた

4章 境界動物の内分泌系と変態にみる脊椎動物への進化の足跡

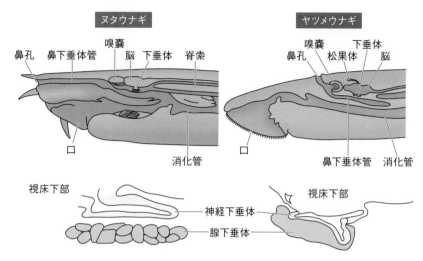

図4.4 ヌタウナギ（左）およびヤツメウナギ（右）の下垂体の位置を示す図（上）と下垂体の模式図（下）
下垂体の位置の図は許可を得て転載．（引用文献4-14より一部改変．下垂体模式図は野崎真澄氏の御好意による）

鼻下垂体原基（nasohypophysial stalk）から形成される[4-20]．神経下垂体の発生は顎口類と同様に間脳の視床下部が口腔に突出している部分から形成されている．

　ヤツメウナギでは，下垂体の形成に関わる調節遺伝子の発現が調べられている．マウスやラットでは下垂体発生時に特異的に *Pitx*, *Fgf8/17*, *Bmp2/4*, *Hh*, *Lhx*, *Pax6* などの転写調節因子の遺伝子が発現するが，ヤツメウナギでもこれらの遺伝子の相同遺伝子が鼻下垂体管と脳で発現している[4-20〜4-22]．これは鼻下垂体原基が顎口類の腺下垂体と相同であることを示す．一方，ヌタウナギの下垂体の発生に関する情報は少ない．これはヌタウナギの発生の観察が非常に困難であり（コラム4.1参照），1898年のディーン（B. Dean）[4-23]の論文以降2012年に至るまで，本格的な研究がなかったためである．近年になってヌタウナギでも，顎口類の下垂体発生に関わる転写調節因子の遺伝子のうち *pitx*, *six*, *sox* の相同遺伝子が鼻下垂体原基に発現していることが明らかになった[4-24]．

このように，無顎類の腺下垂体と神経下垂体は，外胚葉上皮を起源として発生する点で顎口類への進化につながる．さらに下垂体門脈系に匹敵する血管がないこと，鼻下垂体管で外とつながることは，下垂体が外の環境刺激を直接受容する器官であった可能性を考えさせる．

コラム 4.1
水族館の腕前（ヌタウナギの発生について）

　ヌタウナギの発生と孵化は，個々の卵が硬い殻をもつ不透明な袋の中にあるため，観察を行うことが難しい．したがって，採取した卵を水槽に入れても外見上は何の変化も見られないのが普通である．そのため，いつの間にか始まる孵化の観察は，偶然の遭遇を期待する以外に手はない．実際の海の産卵場もどこにあるのか謎である．これらのためか，ヌタウナギの進化的な重要さに対して，それを研究する研究者の数は少ない．1898 年にディーン（B. Dean）が初期胚から孵化後の幼生までの発生を報告しているが，これは，2009 年に太田らの発生の論文が出るまで唯一の貴重な文献資料であった．比較内分泌学では，この学問分野の創設者であるゴルブマン（A. Gorbman）がヌタウナギの重要性に着目し，下垂体，甲状腺，繁殖行動などの研究を精力的に進めた．

　ところが最近，インターネット上にヌタウナギの孵化の映像が公開された．東京都葛西臨海水族園の快挙である．ヌタウナギの赤ん坊が硬い殻から出てくる様子がビデオに収められている．さすがは飼育と繁殖のプロである．それだけではなくプロの研究者でもある．日本の水族館は数が世界一であるだけでなく，質も非常に高い．海の希少生物の展示に留まらず，その繁殖・飼育技術の研究，海洋の生物と環境についての教育，と守備範囲は広がる一方である．また研究者とのコラボレーションも進められており，日本の海洋生物研究を強力に支援する心強い存在である．

参照：「東京都葛西臨海水族園．続・新たな視点で見てみると（14）世界初？　ヌタウナギのなかま，孵化の瞬間（2010 年 1 月 14 日）」(http://www.tokyo-zoo.net/topic/topics_detail?kind=news&link_num=13592)（短縮 URL：http://goo.gl/7vcx9c）

4.3 ホヤにおける内分泌器系と下垂体相同部位の発生

ホヤ類，とくに実験によく使われるカタユウレイボヤでは，脳神経節（cerebral ganglion）の腹側にある神経腺（neural gland）が，古くから下垂体の起源と関係する器官であるとされてきた．一方，神経腺と咽頭とをつなぐ輸管（neural gland duct）にも下垂体特異的な転写調節因子 Pitx の遺伝子発現がみられるため，この部分もまた下垂体の相同領域の候補である[4-21]．これら以外にも *pitx* の発現は，幼生の前方神経隆起（anterior neural ridge）や咽頭原基（pharyngeal primordium）でみられる．また，幼生の神経下垂体管（neurohypophysial duct）と口陥の複合体が，脊椎動物の嗅覚系と腺下垂体の形成に関係する部分と相同であることが報告されている[4-25]．下垂体の祖先型が神経節，神経腺と輸管，神経下垂体管と口陥の複合体のどれに相当するか，今後の研究が待たれる．

ホヤの幼生では，脊椎動物の視床下部・神経下垂体の発生時に発現する *bsx*, *six6*, *prop* などの相同遺伝子が脳で発現し，GnRH（生殖腺刺激ホルモン放出ホルモン：gonadotropin-releasing hormone）と神経葉ホルモンの遺伝子の発現も見られている[4-26]．

カタユウレイボヤには，GnRH とその受容体の相同分子がある．ほかに神経葉ホルモン，カルシトニン，タキキニン，ガラニンとこれらの受容体の相同遺伝子の存在が報告されている[4-27]．しかし，脊椎動物に特有の性ステロイドホルモンの代謝酵素はホヤにはない[4-5]．

4.4 ナメクジウオにおける内分泌系と下垂体相同部位の発生

ナメクジウオでは，神経索，**内柱**，**ハチェック小窩**（Hatschek's pit）などの器官に分泌顆粒をもつ細胞が観察される（**図 4.5**）．脊椎動物と共通するホルモンは，インスリン，糖タンパク質ホルモンの一種**サイロスティムリン**（thyrostimulin），視床下部−下垂体系のホルモンのうち TRH（甲状腺刺激ホルモン放出ホルモン：thyrotropin-releasing hormone）と GnRH 様ペプチド，性ステロイドホルモンなどである．なお，サイロスティムリンは広範

4.4 ナメクジウオにおける内分泌系と下垂体相同部位の発生

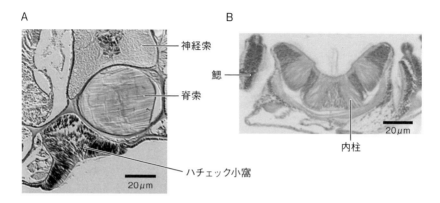

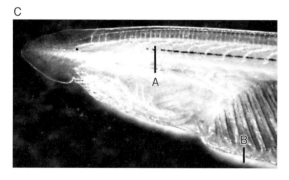

図 4.5 ナメクジウオのハチェック小窩付近（A：左上）および内柱（B：右上）の横断面組織切片像
ヘマトキシン・エオシン染色．ナメクジウオ頭部写真（C：下）の黒い縦棒で，それぞれの切片のおおよその位置を示した．

な組織に分布するホルモンで下垂体特異的ではない．一方，受容体としては，インスリン受容体，TSH 受容体（サイロスティムリンに対する受容体），TRH 受容体，GnRH 受容体，エストロゲン受容体（ER）とステロイド受容体（SR）などが知られている（図 4.6）．脊椎動物に特有とされる性ステロイドホルモンの代謝酵素もナメクジウオには存在する．性ステロイドホルモンは脊椎動物以外ではサンゴなどごく一部の無脊椎動物にも存在するが，ナメクジウオが脊椎動物とほぼ同じ代謝系をもつことの進化的意義は大きい（図 4.7）[4-28]．

ナメクジウオの下垂体相同器官は，発生過程[4-29]や数種類の分泌顆粒の観察[4-30]からハチェック小窩であろうと 130 年以上前から考えられてきた．ハチェック小窩は神経索に向かって陥入しており，ラトケ嚢に似ている．しか

4章　境界動物の内分泌系と変態にみる脊椎動物への進化の足跡

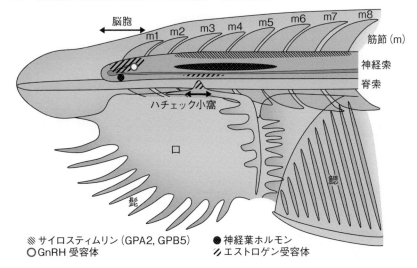

図 4.6　ナメクジウオの神経索とハチェック小窩での内分泌物質の遺伝子発現部位の分布の模式図

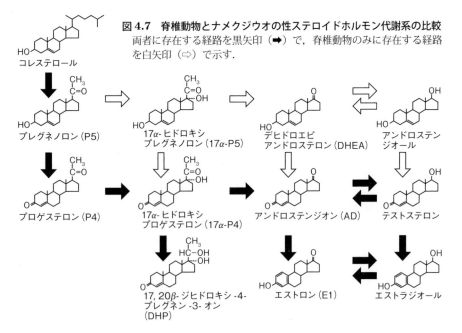

図 4.7　脊椎動物とナメクジウオの性ステロイドホルモン代謝系の比較
両者に存在する経路を黒矢印（➡）で，脊椎動物のみに存在する経路を白矢印（⇨）で示す．

し，ハチェック小窩では口腔側に長い繊毛が生じている点がラトケ嚢とは異なり，両者は区別されている．ハチェック小窩に向かって神経索の底部が伸長し，両者が接近しているが[4-31]（図4.5），このような位置関係は神経下垂体とラトケ嚢に似ている．ハチェック小窩は，幼生期に神経索に向かって陥入する外胚葉性の**口前器官**(こうぜんきかん)（preoral organ）という構造から形成される．この口前器官とハチェック小窩には，脊椎動物の下垂体発生に関わる *pit-1*, *pax-6* の遺伝子発現が見られるため，この部位が脊椎動物の腺下垂体に相当すると報告されている[4-32,4-33]．

しかし，問題はハチェック小窩の位置である．脊椎動物では脳と下垂体は接近しているが，ハチェック小窩も口前器官も，脳胞よりも後方に位置する．さらに脊椎動物の下垂体ホルモンの相同遺伝子も存在しない．ハチェック小窩にはサイロスティムリンの2つのサブユニットのうち1つの遺伝子だけが発現しているが，サイロスティムリンは下垂体特異的な糖タンパク質ホルモンではないため，下垂体と相同である確証にはならない．

神経索とハチェック小窩の間には血管による連絡がない．もし両者の間にホルモンの授受があるとすれば，無顎類と同様に拡散によると考えられる[4-31]．このことから，ホルモンの運搬は，拡散から血管系を介する確実な方法に進化したと推測される．また，ハチェック小窩は，発生様式や遺伝子発現から下垂体とみなされるが，成体のハチェック小窩の研究からは下垂体であるという確証はない．現時点で得られている証拠からは，神経索に分泌細胞の集団としての下垂体相当部分があるのではないかと考えられるが，下垂体の起源を明らかにするためには，内分泌物質とその相互作用をさらに研究する必要がある．

4.5　下垂体糖タンパク質ホルモンの境界動物における分子進化

ここでは境界動物に共通する糖タンパク質ホルモンに着目する．脊椎動物には複数の腺下垂体ホルモン，すなわち成長ホルモン，プロラクチン，副腎皮質刺激ホルモン，および共通の祖先をもつ3種類の糖タンパク質ホルモンが存在する．3種類の下垂体糖タンパク質ホルモンとは，FSH（濾胞刺激ホ(ろほう)

ルモン：follicle-stimulating hormone），LH（黄体形成ホルモン：luteinizing hormone），そしてTSH（甲状腺刺激ホルモン：thyroid-stimulating hormone）である．ホヤ類およびナメクジウオのゲノム上には，いずれのホルモンの相同遺伝子も見当たらない．

　脊椎動物でも無脊椎動物でも，糖タンパク質（glycoprotein：Gp）ホルモンは，αサブユニット（GpA）とβサブユニット（GpB）のヘテロダイマーである．それぞれのサブユニットには，GpAが2種類（GpA1，GpA2），GpBに5種類（FSHβ，LHβ，TSHβ，CGβ，GpB5）のサブタイプがある（図4.8）．脊椎動物のFSH, LH, TSHはGpA1が共通で，それぞれのβサブユニットと結合して下垂体糖タンパク質ホルモンを形成する．CGβは哺乳類のみにある絨毛性ゴナドトロピンのβサブユニットである．一方，脊椎動物のみならず無脊椎動物にも広く存在するサイロスティムリンは，GpA2とGpB5とのヘテロダイマーである[4-34]．このホルモンは2002年にマウスの下垂体培

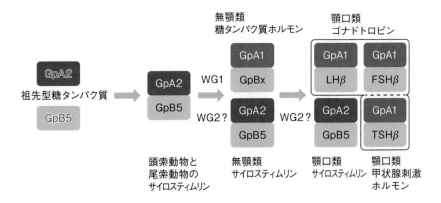

図4.8 糖タンパク質ホルモンの分子進化に関する仮説
頭索動物と尾索動物の糖タンパク質ホルモンはサイロスティムリン1種である．これはαサブユニットとβサブユニットのそれぞれの祖先型糖タンパク質であるGpA2とGpB5のヘテロダイマーである．それから，1回目の全ゲノム重複（WG1）と2回目の重複（WG2）によって，顎口類の糖タンパク質ホルモンが形成されたと考えられる．GpBxは，複数のβサブユニットと相同性があるβサブユニットを示す．動物種によっては遺伝子が欠失している場合もあるため，WG2が無顎類の出現前に起きたとする考えもある．

4.5 下垂体糖タンパク質ホルモンの境界動物における分子進化

養細胞から発見され[4-35]，その後，線虫からヒトまで広く動物界に存在することが明らかとなった．脊椎動物ではサイロスティムリンは TSH 受容体に結合して甲状腺ホルモンの合成を促すが，それ以外の作用はよくわかっていない．これらの糖タンパク質ホルモンの構造には明らかな相同性があるので，各種の糖タンパク質ホルモンは 1 つの祖先分子から進化してきたと考えられる．実際に，尾索動物のホヤや頭索動物のナメクジウオでは，糖タンパク質ホルモンはサイロスティムリンのみである．また，すべての脊椎動物に LH，FSH，TSH，およびサイロスティムリンが揃っているわけではないが．原始的な脊椎動物の無顎類にも，このサイロスティムリンは存在する．

おそらく動物の進化史のごく初期に，まず α サブユニットと β サブユニットのそれぞれの祖先型糖タンパク質が GpA2 と GpB5 に分化し，次に GpA2 は GpA1 に分化し，GpB5 は GpBx（動物種により相同性のある β サブユニットが異なり 1 種類に決められないため GpBx と表した）に分化したのであろう．さらに GpBx は LHβ，FSHβ，TSHβ に分化したと考えられる（図 4.8）．これらの分子進化が起きたことは，全ゲノムの 1 回目（WG1）および 2 回目（WG2）の重複と密接に関係すると考えられる[4-36]．

ヤツメウナギは 2 種類の糖タンパク質ホルモンをもつ．その 1 つはサイロスティムリンで，もう 1 つは GpA2 および GpBx（この場合の GpBx は，FSH，LH，TSH のどの β サブユニットとも相同）のヘテロダイマーである[4-37]．ヌタウナギも 2 種類の糖タンパク質ホルモンをもつが，サイロスティムリンに加えて，GpA1 と GpBx（この場合の GpBx は，TSH の β サブユニットに相同）のヘテロダイマーである[4-38]．このようにヤツメウナギとヌタウナギでは，サイロスティムリン以外の糖タンパク質ホルモンの α サブユニットが同じではない．これについては，無顎類の分岐以前に遺伝子が一度倍加したのちに，無顎類への分岐後に，遺伝子の欠失により α サブユニットまたは β サブユニットの種類が減った可能性も示唆されている[4-37]．すなわち，この場合は，WG2 が無顎類の前に起きたと考えることができる．以上から少なくとも WG1 は無顎類に分岐する前に起きたと考えられるが，WG2 は時期を確定することができない．ヤツメウナギとヌタウナギの全ゲノム解析

が完了すると，この点が明らかになるであろう．

ゲノム進化学の進展は著しいが，先に述べたように1つ1つのホルモンと受容体の分子進化を解析することからも，WGの謎に迫ることができる．さらにホルモンと受容体の構造や局在まで明らかにすることによって，生体の機能と調節の進化および多様性の解明にもつなげることができる．

4.6 無顎類の変態と甲状腺ホルモン

第2巻第1部のもう1つのテーマである変態について，境界動物に関する知見を紹介する．変態をする代表的な脊椎動物は，両生類，一部の魚類，および無顎類のヤツメウナギである．これらの変態には甲状腺ホルモンが関与する．

ヤツメウナギの変態は，脊椎動物への進化の過程を残す変化として重要な意味をもつ．幼生は**アンモシーテス**（ammocoetes）と呼ばれ，河川で数年間にわたって生活する．変態は種による違いはあるが3〜4か月から9か月と長期間におよぶ．変態の開始には，成長，水温，脂肪蓄積などのほかに甲状腺ホルモンが重要である．しかし，両生類の変態が甲状腺ホルモンの増加により起きるのとは逆に，アンモシーテスに甲状腺ホルモンを投与しても変態を起こさない．さらに幼生の甲状腺ホルモンの血中濃度は変態前に激減し，低濃度で変態が進行する[4-39]．これは，甲状腺ホルモンの減少が甲状腺ホルモン受容体を増加させ，その結果，甲状腺ホルモンの取り込みが増えたため相対的に血中レベルが下がったと説明されている．

ヤツメウナギでは，変態中に内柱が消失して甲状腺が形成される．甲状腺は濾胞上皮細胞がとり囲む濾胞（follicle）の集合体であり，内腔のコロイドにはヨードが付加されたチログロブリン（甲状腺ホルモンの前駆体タンパク質）が貯蔵されているため，必要な時に素早く甲状腺ホルモンを産生できる．これに対して内柱には濾胞がなく，一部の細胞でヨウ素の取り込みと甲状腺ホルモンの産生を行うが，貯蔵はしていない．さらに，内柱は咽頭の前側にあり，口から咽頭に入ってきた微小なプランクトンを粘液で絡め取り，繊毛の動きで腸まで運ぶ機能をもつ．変態時の内柱から甲状腺への変化の過程は

よくわかっていないが，重要な形態形成現象の1つである．

　ヌタウナギの成体では，咽頭の前方部に甲状腺濾胞が散在しているが，濾胞形成の時期や，甲状腺ホルモンと変態との関係はわかっておらず，甲状腺濾胞のヨウ素取込みや電子顕微鏡による観察のほかにはあまり報告がない[4-40]．もともと，孵化直後のヌタウナギの外観は，成体を半透明にして小型化したようである（コラム4.1参照）．ヌタウナギの成体の甲状腺濾胞にはチログロブリンに類似したタンパク質が発見されているが確定に至っておらず，ヌタウナギの甲状腺の研究はこれからである．

4.7　ホヤとナメクジウオにおける変態と甲状腺ホルモン

　海産無脊椎動物では幼生期にプランクトン生活をするものが多い．カタユウレイボヤとナメクジウオもプランクトン幼生から変態して成体になるが，変態の程度はホヤのほうがはるかに劇的である（**図4.2**）．固着性ホヤの場合，遊泳能力をもつオタマジャクシ幼生から変態を経て体制が大きく変わる．変態可能な段階になると幼生の頭部の先端に付着突起ができ，固着場所を決めてから変態が始まる．ホヤに甲状腺ホルモンが存在することは免疫組織化学染色法で確認されている．また，変態を開始した幼生に甲状腺ホルモンの合成阻害物質を投与すると変態が停止する[4-41]．以上のことから，ホヤの変態も甲状腺ホルモンにより調節されていると考えられる．

　ホヤの甲状腺ホルモンは内柱で産生され，体腔や消化管の周囲に分泌される．内柱が甲状腺機能をもつ証拠として，ヨウ素の取込み，甲状腺ペルオキシダーゼ（thyroid peroxidase：TPO）や甲状腺特異的転写因子（thyroid transcription factor：TTF）の遺伝子の発現が確認されている[4-42]．成体の内柱は多数の鰓孔（さいこう）で囲まれた鰓嚢（さいのう）の側面を縦に走る器官で，細胞の形態と核の位置などから左右対称に8つのゾーンに分けられる．分泌顆粒がゾーン2, 3, 4, 6に見られ，ゾーン7にヨウ素が取込まれる．幼生の内柱は鰓嚢の腹側正中に位置する．

　ナメクジウオの変態は，脊索をもつ遊泳形態のままで幼生から成体になるため，ヤツメウナギや固着性ホヤほど劇的な変化ではないものの，鰓（えら），口，

4章　境界動物の内分泌系と変態にみる脊椎動物への進化の足跡

内柱は変化する．さらに鰓と口は幼生時に左側にあって非対称であるが，変態にともなって中央に移動して左右対称になる．変態は甲状腺ホルモンで調節され，活性型ホルモンは TRIAC（3,3',5-triiodothyroacetic acid）であるとされている[4-43]．内柱には TPO と TTF の遺伝子発現が確認されており[4-44]，甲状腺ホルモンの産生に関わる脱ヨウ素酵素（deiodinase），甲状腺ホルモン産生を促すと考えられるサイロスティムリンとその受容体，および甲状腺ホルモン受容体の存在も知られている．なお，チログロブリンは見つかっていない．

ナメクジウオの内柱は長い繊毛をもち，細胞形態，核の位置，分泌顆粒の有無から左右対称に6つのゾーンに分けられる（図4.5）．ペプチド顆粒はゾーン2，4，5，6に見られ，ゾーン5の咽頭側に甲状腺ホルモンの局在とヨウ素の取込みが確認されている[4-45, 4-46]．ゾーン5は脊椎動物の甲状腺と同様に甲状腺ホルモン産生の役割をもつと考えられ，その他のゾーンの機能はわかっていない．境界動物の変態の研究は，無脊椎動物から脊椎動物への進化の過程をも明らかにできると期待される．

4.8　境界動物からの比較内分泌学

本章では，脊椎動物の祖先形質をもつとされる尾索類，頭索類，無顎類をまとめて境界動物と呼び，下垂体と変態について簡潔に紹介した．境界動物の重要さは，内分泌機構のどの現象をとりあげても無脊椎動物から脊椎動物につながる進化の解明に結びつくことである．脊椎動物では，独立した特有の内分泌器官が存在し，内分泌物質を媒介とするネットワークが構築され，巧みな生体調節機構が機能している．境界動物は，無脊椎動物の神経内分泌機構をもとにして，脊椎動物が巧みな内分泌機構を獲得してきた進化の過程を見せてくれる．現代は環境や社会生活が人間に大きく影響する時代であり，内分泌機構の解明はますます重要になる．祖先から引き継いできた生体調節の理解に，境界動物はヒントを与えてくれるはずである．

4章 参考書

Briggs, D. E. G. *et al.* 大野照文 監訳（2003）『バージェス頁岩 化石図譜』朝倉書店.（原著："The Fossils of the Burgess Shale" (1995) Smithsonian Inst. Pr., Washington, DC.）

Docker, M. F. ed. (2015) "Lampreys: Biology, Conservation and Control, Vol.1" Springer, New York.

Gould, S. J.（渡辺政隆 訳）（2000）『ワンダフル・ライフ』（ハヤカワ文庫 NF）ハヤカワ書房（原著 Gould, S. J. (1990) "Wonderful Life" Hutchinson Radius, London.）

Hardisty, M. W. (1979) "Biology of the Cyclostomes" Springer, New York.

倉谷 滋（2004）『動物進化形態学』東京大学出版会.

日本比較内分泌学会 編（1996）『ホルモンの分子生物学 序説』学会出版センター.

Norris, D. O., Carr, J. A. (2013) "Vertebrate Endocrinology" Academic Press. New York.

佐藤矩行 編（1998）『ホヤの生物学』東京大学出版会.

白山義久 編（岩槻邦男・馬渡峻輔 監修）（2000）『無脊椎動物の多様性と系統（節足動物を除く）』裳華房.

安井金也・窪川かおる（2005）『ナメクジウオ』東京大学出版会.

4章 引用文献

4-1) Mora, C. *et al.* (2011) PLoS Biol., **9**: e1001127.

4-2) Satoh, N. *et al.* (2014) Proc. Roy. Soc. B, **281**: 20141729.

4-3) Garcia-Fernandez, J., Holland, P. W. H. (1994) Nature, **370**: 563-566.

4-4) Mehta, T. K. *et al.* (2013) Proc. Natl. Acad. Sci. USA, **110**: 16044-16049.

4-5) Dehal, P. *et al.* (2002) Science, **298**: 2157-2167.

4-6) Delsuc, F. *et al.* (2006) Nature, **439**: 965-968.

4-7) Manni, L. *et al.* (2005) J. Exp. Zool., **304B**: 324-329.

4-8) Baker, M. E. (2003) BioEssays, **25**: 396-400.

4-9) Seo, H.-C. *et al.* (2001) Science, **294**: 2506.

4-10) Seo, H.-C. *et al.* (2004) Nature, **431**: 67-71.

4-11) Eakin, R. M., Westfall, J. A. (1962) J. Cell Biol., **12**: 646-651.

4-12) Putnam, N. H. *et al.* (2008) Nature, **453**: 1064-1071.

4-13) Scully, K. M., Rosenfeld, M. G. (2002) Science, **295**: 2231-2235.

4-14) 小林英司 (1979)『下垂体』東京大学出版会, p. 24-25.

4-15) Nozaki, M. *et al.* (2001) Comp. Biochem. Phys., Part B **129**: 303-309.

4-16) Nozaki, M. (2008) Zool. Sci., **25**: 1028-1036.

4-17) Gorbman, A. *et al.* (1983) Am. Zool., **23**: 639-654.

4-18) Nozaki, M. (1994) Gen. Comp. Endocrinol., **96**: 385-391.

4-19) Sower, S. A. (2015) Endocrinology, **156**: 3881-3884.

4-20) Uchida, K. *et al.* (2003) J. Exp. Zool., **300B**: 32-47.

4-21) Boorman, C. J., Shimeld, S. M. (2002) Dev. Genes Evol., **212**: 349-353.

4-22) Osorio, J. *et al.* (2005) Dev. Biol., **288**: 100-112.

4-23) Dean, B. (1898) Quart. J. Micr. Sci., **40**: 269-279.

4-24) Oisi, Y. *et al.* (2013) Nature, **493**: 175-180.

4-25) Boorman, C. J., Shimeld, S. M. (2002) Evol. Dev., **4**: 354-365.

4-26) Hamada, M. *et al.* (2011) Dev. Biol., **352**: 202-214.

4-27) Sherwood, N. M. *et al.* (2005) Can. J. Zool., **83**: 225-255.

4-28) Mizuta, T., Kubokawa, K. (2007) Endocrinology, **148**: 3554-3565.

4-29) Hatschek, B. (1884) Zool. Anz., **7**: 517-520.

4-30) Sahlin, K., Olsson, R. (1986) Acta Zoologica, **67**: 201-209.

4-31) Gorbman, A. *et al.* (1999) Gen. Comp. Endocrinol., **113**: 251-254.

4-32) Candiani, S., Pestarino, M. (1998) J. Comp. Neurol., **392**: 343-351.

4-33) Glardon, S. *et al.* (1998) Development, **125**: 2701-2710.

4-34) Tando, Y., Kubokawa, K. (2009) Gen. Comp. Endocrinol., **162**: 329-339.

4-35) Nakabayashi, K. *et al.* (2002) J. Clin. Inv., **109**: 1445-1452.

4-36) Sower, S. A. *et al.* (2009) Gen. Comp. Endocrinol., **161**: 20-29.

4-37) Sower, S. A. *et al.* (2015) Endocrinology, **156**: 3026-3037.

4-38) Uchida, K. *et al.* (2010) Proc. Natl. Acad. Sci. USA, **107**: 15832-15837.

4-39) Leatherland, J. F. *et al.* (1990) Fish Physiol. Biochem., **8**: 167-177.

4-40) Henderson, H. E., Gorbman, A. (1972) Gen. Comp. Endocrinol., **16**: 409-429.

4-41) Particolo, E. *et al.* (2001) J. Exp. Zool., **290**: 426-430.

4-42) Ogasawara, M. *et al.* (1999) J. Exp. Zool., **285**: 158-169.

4-43) Paris, M. *et al.* (2010) Integr. Comp. Biol., **50**: 63-74.

4-44) Ogasawara, M. (2000) Dev. Genes Evol., **210**: 231-242.

4-45) Fredriksson, G. *et al.* (1985) Cell Tissue Res., **241**: 257-266.

4-46) Barrington, E. J. W.(1958) J. Mar. Biol. Ass. U. K., **37**: 117-126.

4-47) 西川輝昭（2000）『無脊椎動物の多様性と系統（節足動物を除く）』白山義久 編（岩槻邦男・馬渡峻輔 監修），裳華房，p. 260.

4-48) 西川輝昭・和田 洋（1993）生物の科学 遺伝, **47**(12): 32-42.

5. 魚類の変態とホルモン

田川正朋

　魚にも発生過程で変態する種が多くみられる．魚類はきわめて多様であるため，変態前や変態後の形，あるいは変態の程度もさまざまである．一方で，魚類も他の脊椎動物で知られているほとんどのホルモンをもっており，ホルモンによる変態の調節機構も両生類ときわめてよく似ていることが明らかにされてきている．本章では魚の変態という現象自身や，変態を失敗して異常な形になってしまう現象などについて，ホルモンとの関わりを紹介する．

5.1　魚も変態する

　硬骨魚類の多くに当てはまる**発達ステージ**を，ヒラメ（*Paralichthys olivaceus*）を例として図5.1に示した．孵化直後のヒラメは卵黄を有しており，母親由来の栄養を元にして発達が進む（**内部栄養**）．このステージは，卵から孵化したものの，自立していない胚期の延長のようなもので**卵黄仔魚**とも呼ばれる．その後，卵黄吸収を完了する頃になると眼や消化管が発達し，自分で食べた餌から養分を吸収するようになる（**外部栄養**）．この時期を**仔魚**と呼び，いわゆる幼生期にあたる．脊椎動物でありながら，まだ脊椎骨は形成されず，脊索が体の中心的な骨格の役割を果たしている．鰭も未発達であり，鰭条のない膜鰭のみが存在する（口絵II-5章参照）．多くの海産魚で仔魚は共通して浮遊生活を送る．とくに小さな卵から孵化する魚種では，親と異なった形態を有し，浮遊生活を送ることが多い．遊泳力は弱く，捕食者と遭遇すると簡単に餌となってしまう．たとえばケンミジンコのようなプランクトンにも捕食されてしまう例も知られているように，食物連鎖の中でも下位の存在である．また，網ですくうと死んでしまうなど物理的な衝撃にもきわめて弱い．

その後，脊索末端が背側へ屈曲し始め，尾鰭の鰭条が出現する．また，他の膜鰭も鰭条をもった鰭に変化するなどの形態的な変化を経て，親と同じ形の稚魚と呼ばれるステージになる．この時期は同じ外部栄養でありながら，さまざまな点で大きな変化の時期である．たとえば図5.1に載せたヒラメでは左右対称な仔魚から，左右非対称な親のヒラメの形に変化する．**仔魚から稚魚への形態変化**は多かれ少なかれほとんどの魚種で見られるが，その中で極端なものがとくに**変態**と呼ばれる．

変化は外部形態だけではない．脊椎骨が形成されて名実ともに脊椎動物と呼べるようになるのもこの時期である．また，多くの内部組織もこの時期に仔魚型から成魚型へと変化することで，成魚に近い生態をとることが可能になる．一方，大きな卵

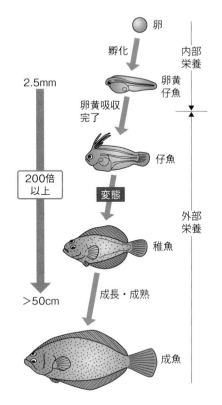

図5.1 ヒラメを例にした魚類の発達過程
孵化直後から成魚までに，体長で200倍以上に成長する．

から孵化する魚種では，仔魚があまり親と変わらない種も知られており，**直達発育**と呼ばれる．いずれの場合も，その後は幼魚や若魚と呼ばれる未成魚の時期を経て，性的に成熟した**成魚**となる．

5.2 魚類は何のために変態するのか

両生類では水中から陸上へ，昆虫では陸上から空中へ，という明らかな変化があるため，変態して体の形を変える目的は明確である．しかし，魚類は水中から水中である．何のための変態なのであろうか．

5章　魚類の変態とホルモン

　1つの解釈は，体の大きさの極端な変化への対応である[5-1]．魚類では孵化直後の体長が2〜3 mmである種が普通である．一方，成魚では20〜30 cm，なかにはクロマグロ（*Thunnus orientalis*）のように最大で3 mに達する種もある．すなわち，体長で100〜1000倍にも成長していることになる．同じ脊椎動物のなかで，一生の間にこれほどの成長を遂げるものはない．

　少し考えてみてほしい．身長が10分の1，あるいは10倍になった場合，私たちは今と同じ生活を送ることができるだろうか．逆に考えると，私たちの人間としての生活様式には適した身長範囲が存在していることがわかる．そしてその身長範囲は広めに見積もったとしても，わずか5倍（50cmから2.5m）程度の範囲ではないだろうか．魚類でみられるような，100倍以上にわたる成長では，おそらく1つの生き方では生活のしやすさがいつか低下してしまい，生存に不利になる．そのため，まず小さいときには小さな体に適した浮遊生活を送る．その生活様式に無理が生じるような大きさに成長したら，次には大きな体に適した生活様式に乗り継げばよい（図5.2）．

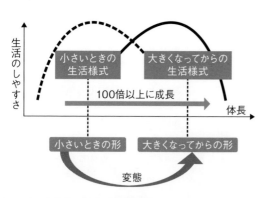

図5.2　生態的な変化と魚類変態
魚類では体長が100倍以上に成長するため，1つの生活様式では，生活のしやすさを一生を通じて高い状態に維持することができない．そのため，小さいときと大きなときとで生活様式を変化させる必要がでてくる.生活様式が異なると適した形態もまた異なるため，変態が必要となる場合がある．

　1つの生活様式には適した形も存在するはずである．そのため，小さいときの体から大きなときの体に形態を変化させる必要が出てくる．100倍という体長範囲を無理なく生きるために，生活様式と形態を大きく変化させる．それが魚類にとっての変態の意義ではないだろうか．

5.3 多様な仔魚の形と変態の2つの方向性

変態前にプランクトンとして生きるために,信じがたいような変な形の仔魚も知られている[5-2].たとえばウナギ類などでは,**レプトセファルス**と呼ばれる柳の葉のような形(図 5.3A)から,円筒形のいわゆるウナギの形に変化する.レプトセファルスは体高が高く体幅が狭い.このようにして表面積を増やすことで浮遊仔魚として有利な沈みにくい形になっている.同様に,沈みにくくするために突起物を発達させた種も多い.たとえばオオトカゲハダカ属など(図 5.3B)では,体から飛び出して直線的に長く伸びる**外腸**と呼ばれる消化管をもつ種がある.ミツマタヤリウオ属(図 5.3C)には,眼が側方にアンテナのように飛び出している種も知られている.また,ハタの仲間(図 5.3F)では,仔魚期に棘をもつ種も多い.イワシ類の**シラス型幼生**(図

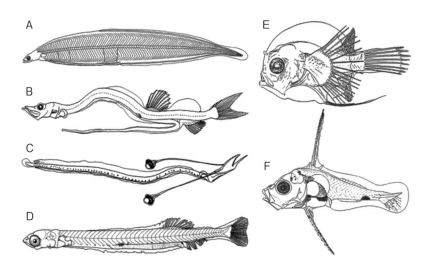

図 5.3 特異な形をした仔魚の例
A:ウナギ(*Anguilla japonica*)のレプトセファルス幼生,B:外腸をもつオオトカゲハダカ(*Heterophotus ophistoma*)の仔魚,C:飛び出した眼をもつミツマタヤリウオ属の仔魚,D:カタクチイワシ(*Engraulis japonicus*)のシラス型仔魚,E:体の外を覆うような皮膜をもつヒレナガチョウチンアンコウ属の仔魚,F:長い棘をもつキジハタ(*Epinephelus akaara*)の仔魚.A-F:引用文献 5-2 より許可を得て転載.

5.3D）はチリメンジャコとしておなじみであるが、細長く弱々しい形をしている．また、チョウチンアンコウ属（図 5.3E）では体の表面を皮膜と呼ばれる構造物が丸く覆っている種が知られており、浮遊や防御にも役立っている可能性がある．これらの極端な形態は仔魚期に特有であり、稚魚になると不要になる．そのために変態して一般的な魚の形にもどす必要が生じる．このような変態を**後発性変態**と呼ぶことがある[5-3]．

一方、ヒラメ（図 5.1）では、仔魚は左右対称な一般的な魚の形であるが、成魚は左右非対称なきわめて特異な形である．すなわち、これらは成魚の極端な形になるために変態する．このような変態を**再演性変態**と呼ぶことがある[5-3]．仔魚から稚魚への形態変化は、程度も方向性も多様であるが、いずれの場合でもその種における仔魚と稚魚の生態の違いに対応している．

5.4　魚類の変態とホルモンによる調節機構

ヒラメを対象とした本格的な内分泌学的研究は日本で始まった．ホルモンの研究には生きた生物が必要である．何でもないことのように思えるかもしれないが、この点こそが多くの海産魚類では研究の障害なのである．天然で採集したとしてもすぐに死んでしまい、研究には使えない．1960 年代より、日本では、栽培漁業のための放流種苗を確保するために、受精卵から数 cm まで育て上げる技術が多くの魚種について開発されてきた．この有利な状況のもとで、1980 年代より水産庁養殖研究所（現在の増養殖研究所）の乾グループなどを中心として、以下のようなヒラメの変態の内分泌調節機構が明らかにされてきた[5-4]．

結論を先に述べると、ヒラメと両生類の変態は、ほとんど同じと考えてよい（図 5.4）．飼育水槽への添加実験によって、**甲状腺ホルモン**がヒラメの変態に中心的な役割を果たすことが確認された．**伸長鰭条**はオタマジャクシの尾のように幼生期にのみ存在する形態である．この鰭条の培養系を用いた研究から副腎皮質ホルモンである**コルチゾル**が促進的に、プロラクチンや性ステロイドホルモンが抑制的に、それぞれ補助的な効果を有することが明らかにされている．また、甲状腺ホルモンの分泌を促進する甲状腺刺激ホルモ

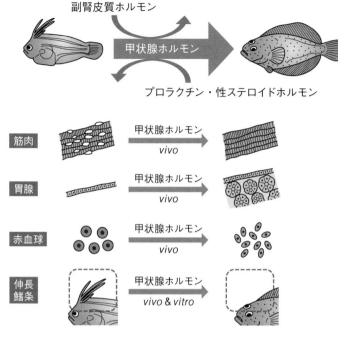

図 5.4　ヒラメにおける変態調節ホルモン
両生類と同様に甲状腺ホルモンが中心的な役割を果たし，副腎皮質ホルモン（コルチゾル）が促進的，プロラクチンと性ステロイドホルモンが抑制的に働く．甲状腺ホルモンは各種器官や細胞に作用し，稚魚への変化を起こさせる．*vivo*：体全体での投与実験で示された効果，*vitro*：器官の培養実験で示された効果．

ンについても，変態に関与している可能性が強く示唆されている．
　変態期には外部形態だけではなく，各種の内部形態の変化も知られている（図 5.4）．たとえば，筋肉の空胞状構造の消失や，胃腺の形成，大型の仔魚型赤血球から小型の成魚型赤血球への移行などが変態期に起こるが，これらについても，甲状腺ホルモンの作用が確認されている．また，甲状腺ホルモンとコルチゾルについては，変態期には体内濃度が一時的に急上昇する．さらに α 型と β 型の甲状腺ホルモンの受容体も変態期には左右対称に発現していることも知られている．すなわち，両生類で明らかになっている内分泌

5章　魚類の変態とホルモン

機構が，ほとんどそのままでヒラメでも確認されている．

　他魚種においても，変態をはじめとして仔魚から稚魚への移行期にみられる形態的な変化について，ヒラメと同様な内分泌系の関与を示す報告が数多くみられる．とくに甲状腺ホルモンは，他のカレイ目魚類や，ウナギ類，ハタ類のような形態変化の激しい魚種だけでなく，クロダイ（*Acanthopagrus schlegelii*）やゼブラフィッシュ（*Danio rerio*）のような形態変化の小さな魚種においても，稚魚の形態への変化に関与していることが知られている．一方，クジメ（*Hexagrammos agrammus*）は，これまで紹介してきた魚種とは異なり，いわゆる仔魚から稚魚への移行期には大きな形態変化をしない．しかし，完全に稚魚となった後に水面付近から海底付近へと移動して底生生活を開始する．また，背側の体色も青緑色から茶褐色へ変化する．この時期には体内甲状腺ホルモン濃度も一時的に上昇する．さらに，これらの形態的・行動的な変化も甲状腺ホルモンによって誘起されることが知られている[5-5)]．すなわち，とくに仔魚から稚魚への移行に限らず，生態的に大きな変化が起こる際にみられる形態的・行動的・生理的な変化には，少なくとも甲状腺ホルモンという共通の物質が関与していると考えられる．

　また，コルチゾルについては，変態促進作用に関する報告はみつからないものの，他のカレイ目魚類やマアナゴ（*Conger myriaster*）などでは変態期の濃度が高くなる．プロラクチンなど他のホルモンについては，変態に直接関連する知見はごく限られている．

5.5　必ず起こるとは限らないサケ類の銀化変態

　サケ類では銀化（ぎんけ）と呼ばれる変態現象が知られている．たとえばギンザケ（*Oncorhynchus kisutch*）は，孵化後1年あまりを川で過ごす．この河川生活期の個体はパー（**parr**）と呼ばれる（図5.5）．体の側面には特徴的な斑紋（はんもん）（パーマーク）をもち，大型個体はなわばりを形成する．また，生理的には海水適応能が未発達である．その後，体表が銀白色化してパーマークが消失するとともに海水適応能が発達し，なわばりを解消して海へ降（くだ）って海洋生活を始める．この変化を**銀化（スモルト化）**，銀化した個体を**スモルト**（**smolt**）と呼ぶ．

5.5 必ず起こるとは限らないサケ類の銀化変態

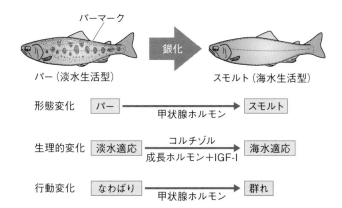

図 5.5 サケ類の銀化におけるホルモン調節機構
淡水生活型のパーから海水生活型のスモルトへの形態変化や行動変化には甲状腺ホルモンが，海水適応能の発達にはコルチゾルや成長ホルモン，インスリン様成長因子Ⅰ（IGF-Ⅰ）が，それぞれ関与する．サケのイラストは引用文献 5-17 を参考に作図．

　この銀化はサケ科魚類に特有の変態である．

　この銀化はいくつかの要素にわけて考えるとホルモンとの関連性を理解しやすい[5-6]．形態的な変化である体色の銀白色化はグアニンの沈着によるが，これは甲状腺ホルモンの作用による．一方，生理的な変化である海水適応能の獲得については，甲状腺ホルモンではなく成長ホルモン-インスリン様成長因子Ⅰ（IGF-Ⅰ）系およびコルチゾルが重要な役割を果たす．なお，形態変化や生理変化に関係するこれらのホルモンの血中濃度は，銀化の時期に顕著に上昇する．銀化にともない行動も降河行動の準備をすべく変化する．なわばり行動の解消や，明るい場所を怖れなくなるという行動変化にも甲状腺ホルモンの関与が強く示唆されている．

　ヒラメなど他魚種の変態と比較した場合，サケ類の銀化で興味深いのは，すべての個体が必ず銀化するとは限らない点である．たとえば支笏湖のヒメマス（*O. nerka*）で明らかにされているように[5-7]，湖内環境が悪い場合，あるいは個体数が多い場合には，銀化して海へ降ろうとする個体が増え，銀化せずに湖内に留まろうとする個体が減る．単純に考えると，海に降ろうとし

コラム 5.1
ホルモンで変態させて，シロウオをハゼに，シラウオをアユに化けさせる？

　本巻6章では両生類における**ネオテニー**が紹介されているが，魚類にもよく似た現象が知られている．すしネタにも使われる**シラウオ**の仲間（サケ目キュウリウオ亜目シラウオ科，**図5.6A**）や，踊り食いで有名な**シロウオ**（*Leucopsarion petersii*，スズキ目ハゼ科シロウオ属シロウオ，**図5.6B**）がそうである．混同されやすいが，この2つはまったく別物である．以下は「ラ」と「ロ」をしっかりと区別して読んで頂きたい．

　シラウオはキュウリウオ亜目であるが，同じ亜目に属するのはシシャモやワカサギ，アユなどである．これらはまったくシラウオに似ていない．もう一方のシロウオはハゼの仲間であるが，「～ハゼ」と呼ばれている他の魚を思い浮かべて欲しい．シロウオによく似た種類はあるだろうか．写真では少しわかりにくいが，このように両者は成魚になっても透明であり，他の多くの魚の仔魚期と同様である．近縁種の中で，1種，あるいは1科だけ，どういうわけか変態せずに仔魚期の透明な形態のままで成熟するようになったのがシロウオやシラウオの仲間であろう．このコラムでは，ホルモン投与によって別種の魚の形態に変えられないかという夢物語をしたい．

　本巻の6章で紹介されているように，メキシコサンショウウオ（*Ambystoma mexicanum*）のネオテニーについては，甲状腺ホルモンの分

図5.6　魚類におけるネオテニーの例
　A：アリアケヒメシラウオ（*Neosalanx reganius*，写真は中山耕至博士の好意による），B：シロウオ（田川正朋 原図）．

5.5 必ず起こるとは限らないサケ類の銀化変態

泌が起こらないことが明らかにされている．一方，シラウオやシロウオは日本人には季節を感じさせてくれる食材としてメジャーであったが，内分泌学の研究対象としてはまったく手つかずであった．シロウオやシラウオの変態しない原因が，甲状腺ホルモンを分泌しないためであるならば，甲状腺ホルモンを与えると，ハゼやアユのような形に変態するはずである．シロウオは春になれば元気な個体を容易に入手できる．そこでワクワクしながらシロウオの成魚に甲状腺ホルモンの投与を行った．しかし，ハゼに変態してくれない．では，仔魚や稚魚ではどうか．またしてもハゼへの変態は起こらなかった．ところが稚魚では成熟したときと同様のアメ色への変化は起こった．どうやら甲状腺ホルモンには反応している．受容体を調べてみるとα型もβ型も確かに発現している．すなわち，シロウオでは甲状腺ホルモン受容体よりもあとで起こる現象の中で，いわゆるハゼの成魚の体色を発現させるスイッチがすでになくなってしまっていると推測された[5-9]．

では，シラウオに甲状腺ホルモンを与えてアユにできないだろうか．シラウオは状態の良い元気な個体を入手することが非常に困難なため，現在でも実験で確かめることができていない．では逆に，手に入りやすいアユの仔魚はどうだろうか．甲状腺機能をブロックして変態を阻止し，そのうえで性ホルモン投与によって成熟させればシラウオができないだろうか．変態（metamorphosis? abnormal?）の研究者は，あきらめていない．

て銀化したのは体が大きい個体であるように思えるが，実際には小さな個体である．サクラマス（*O. masou*）の雄でも同様で，大型個体は性成熟が進む代わりに銀化が起こらず，海へ降ることはない[5-8]．銀化抑制と成熟を関連づけるのが，性ホルモンのもつ銀化の抑制作用である[5-6]．一般的に魚類では，早く大きくなった個体は早く性成熟を開始するため，性ステロイドホルモンの血中濃度の上昇も早いと予想できる．サケ類に限らず成長や成熟については水温や日長などの環境要因の影響が大きい．そのため同一年齢の個体間に見られる程度の成長差でも性ホルモンに違いが現れるか不明であるが，高成長個体では性ホルモンが分泌され，それが銀化を抑制している可能性がある．成長と成熟開始，そして銀化の三者間の因果関係は明らかではないが，個体

ごとに異なる生理要因によって，その個体が銀化するか否かが決まると考えられる．

5.6　カレイ類の形態異常 ―変態を失敗する現象―

ヒラメの変態にみられる両生類にはない特徴は，左右非対称な形態形成である．甲状腺ホルモンは血流にのって体中に均等に運ばれる．すなわち，変態期には体の左右は同じように甲状腺ホルモンのシャワーを浴びる．それにも関わらず，ヒラメでは右眼は体の左側に移動し，体表も左側のみが茶褐色に着色する．このように左右が異なった形態に発達するのはなぜだろうか．甲状腺ホルモン受容体は，左右で分布の差異が認められていないため，受容体の存在の有無が左右差の原因ではない．ここにきて初めて，両生類の後追いでは明らかにできない興味深い現象が姿を現してきた．それを明らかにする手がかりが次に述べる形態異常である．

栽培漁業の種苗生産現場では，数十万〜数百万尾の魚類の仔稚魚を人工的に飼育するが，とくにヒラメやカレイ類では色や形のおかしくなった稚魚（**形態異常魚**）が正常個体に混じって出現する．多い時には8割以上が形態異常になってしまうこともある．もちろん種苗生産上は重大な問題であるが，ある意味では魚類の発生，とくに変態を研究する上では非常に興味深い現象である．

図5.7にカレイ類によく見られる形態異常魚の例を示した[5-10]．正常個体では，両眼のある側（**有眼側**，通常は右側）は茶褐色に着色しており，眼のない側（**無眼側**，通常は左側）は白い．歯の数が有眼側で少なく無眼側で多い種も知られている．

カレイ類の形態異常魚はいくつかのタイプに分けられる．まず**両面有色**と呼ばれるタイプでは，眼は左右対称に位置している．頭部は小さいが，これは，両方の眼がそれぞれ元の場所に留まっているため，逆側から移動してくる眼が収まるはずのスペースが空いている分だけ小さくなっているのである．さらに体表面も両側が茶褐色に着色している．すなわち，眼でも体表でも，体の両側が表（有眼側）になってしまった個体である．まったくこの逆が**白化**

5.6 カレイ類の形態異常

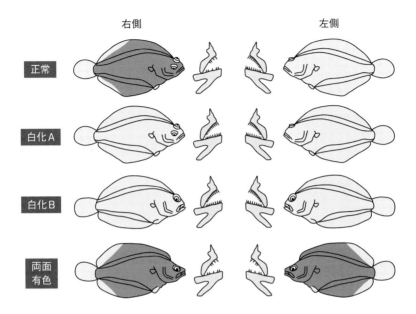

図 5.7 カレイ類稚魚における形態異常
白化 B では両側に無眼側が，両面有色では両側に有眼側が形成されている．また白化 A では眼は正常であるのに，歯や体表面は両側ともに無眼側になってしまっている．引用文献 5-18 および引用文献 5-10 を参考に作図．

B である．眼は両方とも逆側に移動しようとして背方向に移動し，そこで逆側から移動してきた眼とかち合ってしまいそれ以上動けなくなっている．体表は，両側ともに着色せずに白い．すなわち，体の両側が裏（無眼側）になってしまった個体である．これらの異常個体が存在することから，カレイ類は，体や眼は両側ともに表にも裏にもなるポテンシャルをもっていること，および，左右それぞれは独立して，表になるか裏になるかを決められると推測できる．さらに，**白化 A** というタイプでは，眼は正常に移動していても，両側の体表はともに白く，裏（無眼側）の形質を示す．

これらから考えると，眼や体表は，器官単位で独立して，かつ，右側と左側とでも独立して，表の形になるか裏の形になるか決定されるのが基本である．そして，たまたますべて間違いなく決定された場合にだけ正常な形がで

きると考えたほうがよい．変態のようなプログラミングされている発生現象は，放っておいても，すべての個体でほぼ間違いなく進行していくと考えられてきた．しかし，人工飼育したカレイ類では変態の間違いがかなり高い比率で起こるようである．

5.7　甲状腺ホルモンの分泌時期がカレイ類の変態の成功と失敗を決める

　カレイ類の形態異常を防除するためのさまざまな飼育試験から，水温が形態異常の出現頻度に大きく影響を与えることが明らかにされている．また，変態に最も中心的な関与をする甲状腺ホルモンは，変態が早期に起こる高水温では，低水温よりも早期に急上昇する．以下に述べるように，甲状腺ホルモンの分泌時期の違いが形態異常の出現頻度を決めている可能性が高い[5-11]．

　ヒラメでは，変態よりも少し前の特定の期間に甲状腺ホルモンを投与すると，白化A（図5.7）が多数出現する．眼についても同様で，眼を将来の有眼側へと移動させる硬骨，すなわち無眼側をつくるための硬骨も，特定の期間に甲状腺ホルモンが作用しないと形成されない．甲状腺ホルモンは変態全体を促進するが，とくに左右性に関しては，無眼側をつくるために必要であり，その感受性のようなものは特定の期間のみに現れると考えられる．

　ホシガレイ（*Verasper variegatus*）では，甲状腺ホルモンの投与時期によって各種形態異常の出現率が変化する（図5.8）．この実験が行われた水温では，通常，孵化後35日に甲状腺ホルモン濃度の急上昇が起こる．まさにそのタイミングでホルモン投与を開始した群で正常個体の比率が最高となる．一方，両面有色個体は投与の開始が早すぎても遅すぎても増加する．白化個体はヒラメの場合と同様に，正常魚の出現が最大となる直前のごく限られたタイミングでのみ増加する．ここで，両面有色個体は左右とも甲状腺ホルモンが効かずに無眼側ができなかった個体，白化個体は左右ともに甲状腺ホルモンが効いて無眼側ができてしまった個体である．前述のヒラメでの知見から考えると，図5.8に示したように，無眼側をつくらせる感受性が本来の無眼側（ホシガレイでは左側）では長期間存在し，本来の有眼側（ホシガレイでは右側）では短期間しか存在しないと考えることで，甲状腺ホルモン投与時期による

5.7 甲状腺ホルモンの分泌時期がカレイ類の変態の成功と失敗を決める

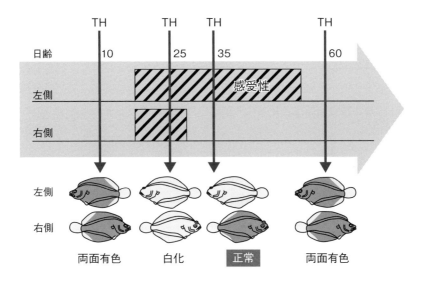

図 5.8 甲状腺ホルモンの投与開始時期が各タイプの形態異常の出現に及ぼす影響
矢印で示した孵化後日齢に甲状腺ホルモン (TH) 投与を行うと，矢印の先端にあるような形態が出現する．これは，甲状腺ホルモンによって無眼側が作られるための感受性（斜線の部分）が，本来の無眼側である左側では右側よりも長い期間存在すると考えると説明できる．カレイのイラストは引用文献 5-18 を参考に作図．

両面有色や白化，および正常個体の出現状況は矛盾なく説明できる．類似の実験がホシガレイだけでなく，ヌマガレイ（*Platichthys stellatus*）とババガレイ（*Microstomus achne*）についても行われており，ほぼ同様の結果が得られている．カレイ類で片側だけに無眼側がつくられるしくみについては，甲状腺ホルモンに反応して無眼側をつくらせる感受性のある期間が，体の左右で異なると考えることで説明できる可能性が高い．

発達の進行には個体差があり，発達の速い個体や遅い個体が1つの水槽の中に混在する．正常とは異なる速度で発達が進んだ個体では，甲状腺ホルモンの分泌時期が片側のみに感受性のある時期とずれてしまう可能性がある．そのような個体が変態に失敗し，形態異常になってしまう可能性もヌマガレイでは示されている[5-12]．

5.8 カレイ類の着色型黒化 —体の一部に時期はずれに起こる変態現象—

ヒラメやカレイ類では，さらに不思議な現象がある．正常に変態をした個体であっても，砂のない水槽で長期間飼育していると無眼側に黒色部分が広がってくる**着色型黒化**と呼ばれる現象である．見映えが悪く市場での取引価格が下がってしまうため，解決すべき問題とされてきた．この黒色部分を詳しく調べてみると，黒色素胞が有眼側と同程度に出現しているだけでなく，鱗（うろこ）の形状そのものが棘（とげ）のある**櫛鱗**（しつりん）となっていた（**図5.9**）．これは正常個体の有眼側と同じである．すなわち，単に体表が黒くなっただけでなく，無眼側体表の一部が有眼側の体表に完全に転換されてしまう現象である[5-13]．

ヒラメやカレイ類の変態では左右対称の仔魚が左右非対称な稚魚へと変化する．一見すると，仔魚の未分化な体表が，有眼側と無眼側の体表へとそれぞれ別方向に分化するように見えるが，そうではない可能性が高い．詳しく検討すると無眼側の体表は仔魚の体表との類似点が多い[5-14]．すなわち，有眼側は変態期に普通に発達して成魚型に分化するが，無眼側は仔魚型のまま発達が停止させられているだけだと解釈することができる．この発達の停止が無眼側の一部分で解除されると，その部分だけが自然に発達を再開して，

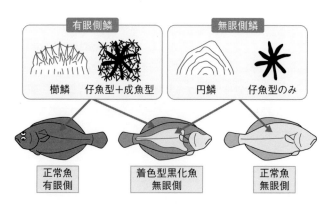

図5.9　ヒラメ着色型黒化における部位ごとの形質の差異
黒化個体の無眼側の着色部分では，正常個体の有眼側と同様の鱗や色素胞が，着色していない部分では，正常個体の無眼側と同様の鱗や色素胞が，それぞれ出現している．

有眼側が作られていく可能性がある．それが着色型黒化ではないだろうか．

　ここで変態に関係するもう1つの重要なホルモン，コルチゾルの関与が考えられ始めている．コルチゾルは変態時に分泌が盛んになるだけでなく，ストレスがかかると分泌が促進されるホルモンとしても良く知られている．またホシガレイでは，コルチゾルの投与によって黒化個体の増加することが示されており，コルチゾルが黒化の1つの原因である可能性が高い[5-15]．そのため，ストレスがコルチゾルを分泌させ，そのコルチゾルが無眼側の停止を解除し着色型黒化を起こすのではないかと考えた研究も実施されつつある．

> **コラム 5.2**
> **未受精卵中に含まれる母親由来のホルモン**
>
> 　発生に沿って個体の時間を遡ると，行き着く先は受精卵である．当然のことながら，受精直後の卵にはホルモン産生細胞は存在しない．では，内分泌学の研究対象となるのは，ホルモン産生が開始された後かというとそうではない．甲状腺ホルモンをはじめとする数種のホルモンについては，すでに未受精卵に含まれていることなどが魚類でも知られている[5-16]．
> 　しかし，卵中のホルモンの役割については不明と言わざるを得ない．未受精卵中のホルモンの研究が盛んであった1980年代後半から90年代には，甲状腺ホルモンが孵化直後の仔魚の生残率向上に効果をもつという研究が注目されていた．そのため，未受精卵中に甲状腺ホルモンが存在することによって正常な発生が確保される可能性が考えられていた．また実際に，ストライプドバス（*Morone saxatilis*）をはじめとして数種の魚類では，母親魚に甲状腺ホルモンを与えて未受精卵中に取り込ませると，その卵から孵化した仔魚では生残率の向上することが報告されている．一方で，メダカ属を用いた実験では甲状腺ホルモン濃度を10分の1程度に減少させた卵でも，孵化仔魚の生残率は低下しない．すなわち，卵中の甲状腺ホルモンはあまりなくても問題ないこともあるが，人為的に多量に入れてやると生残に良いこともある．母親魚からの栄養ドリンクやサプリメントのような贈り物と考えるべきかもしれない．

しかし，もし予想通りにコルチゾルの関与が明らかになっても，コルチゾルはホルモンである．体全体や無眼側全体に同じように流れるにもかかわらず，無眼側でもなぜ一部分にしか着色型黒化が発現しないのだろうか．この部位による違いの問題が次に見え隠れしている．

ヒラメやカレイ類では目や体色が体の左右で異なっていることは多分誰でも知っている．しかし，一皮むけば，ほとんど何もわかっていない．ようやく少しずつ様子がつかめてきた段階である．すべての答えは，2 cmに満たない仔稚魚の体の中にある．

5章 参考書

三輪 理・田川正朋（2013）『増補改訂版　魚類生理学の基礎』会田勝美・金子豊二 編，恒星社厚生閣，p. 184-192.

落合 明・田中 克（1986）『新版　魚類学（下）』恒星社厚生閣．

田中 克ら（2009）『稚魚』京都大学学術出版会．

5章 引用文献

5-1) 田川正朋・田中 克（2010）『魚類生態学の基礎』塚本勝巳 編，恒星社厚生閣，p. 161-171.

5-2) 沖山宗雄 編（1988）『日本産稚魚図鑑』東海大学出版会．

5-3) 内田恵太郎（1963）動物分類学会会報，**30**: 14-16.

5-4) 乾 靖夫（2006）『魚の変態の謎を解く』成山堂書店．

5-5) Matsumoto, S., Tanaka, M. (1996) Mar. Fresh. Behav. Physiol., **28**: 33-44.

5-6) Rousseau, K. *et al.* (2012) "Metamorphosis in Fish" Dufour, S. *et al.* eds., CRC Press, p.167-215.

5-7) 帰山雅秀（2002）『最新のサケ学』成山堂書店．

5-8) 木曾克裕 (1995) 中央水産研究所研究報告，**7**: 1-188.

5-9) 原田靖子 (2008)『稚魚学』田中 克ら 編，生物研究社，p.174-180.

5-10) Aritaki, M., Tagawa, M. (2012) Fish. Sci., **78**: 327-335.

5-11) 田川正朋 (2005)『海洋の生物資源』渡邊良朗 編，東海大学出版会，p.102-119.

5-12) Nishikawa, T. *et al.* (2010) Fish. Sci., **76**: 827-831.

5-13) Isojima, T. *et al*. (2013) Fish. Sci., **79**: 231-242.

5-14) Yoshikawa, N. *et al*. (2013) Gen. Comp. Endocrinol., **194**: 118-123.

5-15) Yamada, T. *et al*. (2011) Comp. Biochem. Physiol. B, **160**: 174-180.

5-16) 田川正朋（1997）日本水産学会誌, **63**: 498-501.

5-17) 中坊徹次 監修（2007）『釣り人のための遊遊さかな大図鑑』小西英人 編，エンターブレイン．

5-18) 有瀧真人ら（2004）Nippon Suisan Gakkaishi, **70**: 8-15.

6. 両生類の変態とホルモン

井筒ゆみ

　ヒトを含むすべての脊椎動物は，成熟した機能と形をもつ成体の体を完成させる過程で，一度つくった胎児（幼生）型の組織の一部を壊し，体のつくり換えを行う．この過程は個体発生上の必須なプロセスであり，組織再構築（リモデリング）と呼ばれる．両生類の変態過程にその典型的な例をみることができる．両生類の変態は甲状腺ホルモンが引き金となって進行するが，近年，不要となる幼生組織を非自己組織として見分け，免疫系によって破壊する機構も関与していることが報告された．明らかになりつつある両生類の変態に関する研究の最前線を紹介する．

6.1　両生類の変態研究の歴史

　両生類の変態の研究の歴史は古く，今から 100 年以上前，1912 年にグーターナッチ（Gudernatsch）がオタマジャクシにウマの甲状腺を食べさせると変態が早まったという報告が最初である[6-1]．餌を食べさせる実験（Feeding Experiments）と題されるこの報告を知ったアレン（Allen）は，発生初期のオタマジャクシから外科的に甲状腺を除去すると変態が阻止されることを示した．グーターナッチの報告から 4 年後の 1916 年にこの成果が Science 誌に掲載されたことで[6-2]，両生類の変態研究は脚光を浴びることとなった．現在の実験科学では，**過剰発現実験**（gain-of-function）と**阻害実験**（loss-of-function）と呼ばれる実験が試されるが，グーターナッチの実験が前者，アレンの実験が後者に相当し，後者のほうがより強い科学的証拠とされている．これは 100 年も前から変わっていない．現在では，さらにここに，取り去られた要因を補って回復させる**レスキュー実験**（rescue）が加わり，これら 3 つの実験をクリアすることで完全証明とされる．

　アレンの実験から 50 年ほど経った 1963 年に，ウエーバー（Weber）が切

り離したオタマジャクシの尾をシャーレの中で培養し，そこへ甲状腺ホルモンを添加すると，尾はまるで自然変態のように1週間ほどで退縮することを示した[63]．これらの研究から，オタマジャクシがカエル（成体）となる変化は甲状腺ホルモンによって引き起こされること，その際，不要となった幼生の尾が消失するが，この変化は甲状腺ホルモンが尾に直接作用して誘導されることが定説となった．実際に，オタマジャクシの生体内での甲状腺ホルモン濃度が初めて測定されたのは，1977年になってからである[64]．甲状腺ホルモンの血中レベルは変態期に一過的に上昇し，変態期の後半以降に低下する（図6.1）．

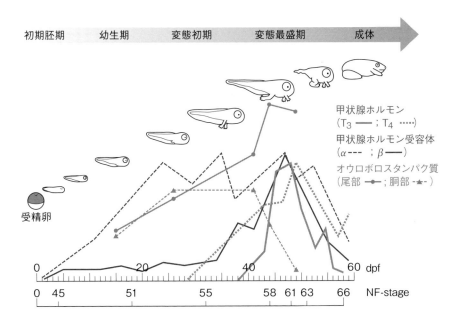

図6.1 無尾両生類アフリカツメガエルの変態期における甲状腺ホルモンと甲状腺ホルモン受容体，およびオウロボロスタンパク質（6.6節）の動態
dpf：受精後の日数（day post fertilization），NF-stage：発生段階．T_3：3, 5, 3'-トリヨードチロニン，T_4：チロキシン．NF-stageとは，ニュークープとフェイバー（Nieuwkoop & Faber）による発生段階（引用文献6-5）を示す．

コラム 6.1
ウエーバーの培養実験にたどり着くまで

　ウエーバーの使った手法は，いわゆる in vitro（イン ビトロ）の実験である．これにより，たとえばホルモンと尾のように，生命現象に関わっていると考えられる要因を限定した条件下で，直接的な作用が確認できるようになった．パスツールが狂犬病ワクチンを発見したのが 1885 年であり，すでに菌などの比較的単純な培養方法は確立していた．しかし，多細胞生物の培養は菌の培養よりもずっと難しい．なぜなら，細胞同士の相互作用や液性因子の影響を受けて自らの状態を制御しているためである．突破口となったのは，アミノ酸やビタミンなどの栄養素を生理的濃度となるよう混合した培養液の開発である．1959 年頃にイーグル（Eagle）やダルベッコ（Dulbecco）によって，細胞の機能を維持するために最適な培地が開発された．現在でも DMEM（Dulbecco's Modified Eagle Medium）という培養液は，哺乳類細胞の培養に最も多く使用されている．実際には，ウエーバーはホルトフレーター溶液（Holtfreter's solution）という比較的単純な両生類用の塩類溶液を用いている．ホルトフレーターは，ばらばらに解離したイモリの細胞を in vitro で培養すると，細胞選別によって予定表皮細胞と神経板細胞がそれぞれ特異的に再集合して接着することを 1955 年に示した科学者である[6-6]．1950 年代は培養実験の花盛りであった．しかし，一方で，切り離された組織や細胞は，1950 年代の技術では生体内とあまりにも異なる環境にさらされたため，生理的な現象を反映しなかったこともしばしばあり，のちに実験によって解釈がひっくりかえることも多かった．

6.2　組織特異的な変化と甲状腺ホルモン

　甲状腺ホルモンの作用で体幹部の幼生細胞が成体型に分化し，一方，尾の幼生細胞は細胞死に陥って消失する．しかし，甲状腺ホルモンは同じ濃度で体内を巡っている．それではなぜ，全身の細胞は同じように反応しないのだろうか？　体幹部の細胞がどのようなしくみで成体化できて，なぜ細胞死に

陥らないのか，という疑問に科学者たちは長く答えられないでいた．受け取る側である**甲状腺ホルモン受容体（TR）**の分布や，発現時期が異なるからだ，と説明するためには，受容体がいつ・どこで・どのくらい発現しているのかを調べなければわからない．両生類における甲状腺ホルモン受容体の存在は，吉里とフリーデン（Frieden）らによって 1975 年に初めて報告された [6-7]．その後の 1980 年代後半は，内分泌学は分子細胞学と融合し，飛躍的に進歩した時代であった．TR は，ニワトリとヒトで 1986 年に初めて遺伝子が同定され，2 報同時に Nature 誌に報告された．甲状腺ホルモン受容体は種を越えて高い保存性があることが判明し，4 年後に，矢尾板とブラウン（Brown）らによって，両生類でも α 型と β 型の 2 種類の遺伝子があることがわかった [6-8]．TR α は変態前から細胞内の発現が上昇するが，TR β は変態が開始されてから発現が上昇し，尾が退縮する変態期に最大に達する（**図 6.1**）．これらの報告をもとに，遺伝子組換え技術を用いて作製した TR による詳細な実験が行われ，その結果，TR は甲状腺ホルモンが変態を誘導するのに必要不可欠であることが示されている．

　なお，他にも変態期に上昇するホルモンとして，下垂体から分泌されるプロラクチン（prolactin）と [6-9]，副腎皮質から分泌されるコルチコステロン（corticosterone）およびアルドステロン (aldosterone) が挙げられる [6-10]．前者は過剰に作用させると尾鰭が大きくなることから，古くから変態抑制ホルモンとして働くのではないかと考えられてきた．しかし，現在でもその機能はよくわかっていない．後者 2 つは甲状腺ホルモンと同時に作用させると促進的に働くが，単独の機能はよくわかっていない．

　しかし，ここでも一部の組織が甲状腺ホルモンに反応しないという**組織特異性**については説明できなかった．ところが，甲状腺が発達するよりもずっと前に，甲状腺ホルモンの活性を調節する**脱ヨウ素酵素群**（deiodinases）が発現することがわかった．脱ヨウ素酵素群のうち DIO2 と呼ばれる酵素が作用すると，甲状腺ホルモンの 1 つであるチロキシン（T_4）は，より活性の強いもう 1 つの甲状腺ホルモンである 3, 5, 3'-トリヨードチロニン（T_3）に変化する．一方，DIO3 と呼ばれる酵素が作用すると T_4 や T_3 は活性のほと

6章 両生類の変態とホルモン

んどない形になる.つまり,細胞内にDIO2があるかDIO3があるかの違いで,甲状腺ホルモンがよく効くか,ほとんど効かないかといった細胞ごとの感受性の違いが生じる可能性がわかってきた.たとえば甲状腺ホルモンが効かないとされる眼の網膜では,DIO3が発現することによって,甲状腺ホルモンの作用を防いでいると説明されている[6,11].

甲状腺ホルモンがよく効く組織ではDIO2が発現しているが,DIO2の活性について,興味深いことがわかってきている.ウシガエル (*Rana catesbeiana*) では,DIO2の活性は後肢では変態前期に上昇し,尾ではその後の変態末期に上昇する[6-12] (**図6.2**).このことにより,四肢ができた後に尾が退縮するなど変態過程で生じる変化はなぜ決まった順番で起こるのかという,変態のタイミングの違いについて説明することが可能となった.

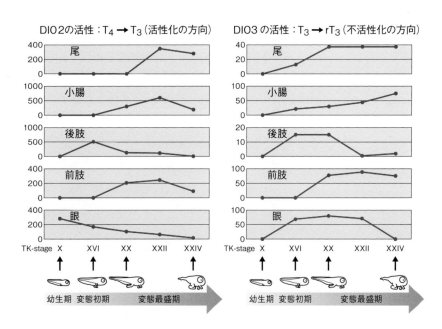

図6.2 ウシガエルの変態進行にともなうDIO2とDIO3のさまざまな組織における活性変化
TK-stageとは,テイラーとコルロス (Taylor & Kollros) による発生段階 (引用文献6-13) を示す.(引用文献6-12を参考に作図)

しかし，これでもまだ説明のできない現象がある．たとえば皮膚は，ひとつながりの同じ組織であるにもかかわらず背部では成体型に分化・増殖するのに対し，尾部では細胞死に陥って退縮する．このように，同じ甲状腺ホルモンを受容しても場所が異なると反応が異なる．この**部域特異性**については直接的には説明できない．いずれにせよ，T_3の細胞内濃度や，受容体の発現時期の制御により，変態現象は体の各組織・部位で適切に進行すると考えられている．

6.3 変わった変態：直接発生と幼形成熟

両生類の変態では，幼生から成体になるときに，体を構成する組織・細胞が大きく変わる．だが，種によっては変わった変態の過程をたどる．その例が直接発生（direct development）と幼形成熟（ネオテニー：neoteny）である．直接発生とは幼生期を省略する発生の様式であり，オタマジャクシの形で水の中を泳ぎ回る時期をもたずに，卵から直接カエルとして孵化する．コヤスガエル科のコキ（Puerto Rican tree frog；*Eleutherodactylus coqui*）では，卵の中で胚になり，その胚に幼若な四肢が出限し，尾が退縮する．そしてまるで四肢が完成してから誕生する哺乳類のように，カエルの形になってから卵を破って外に出てくる（図6.3）．このように直接発生は両生類としては非常に変わった発生の様式であるが，他の両生類と同じように**甲状腺ホルモン**が関わっていることが明らかになりつつある[6-14]．甲状腺ホルモンの合成阻害剤であるメチマゾールを投与すると，卵の中で起こる皮膚などに見られる変態が一部抑制され，そこに甲状腺ホルモンを補うと，抑制が解除される．さらに，甲状腺ホルモンの受容体であるTRβの発現量が，四肢ができて尾が退縮し，卵から外に出る時に最大値となる．つまり直接発生は，変態調節機構は保存したまま変態期を極端に短縮した発生の様式と見ることができる．

一方，幼形成熟とは，見た目は幼生期の形態を保ったまま性的に成熟することをいう．こちらはこれまで説明してきたカエルの仲間（無尾両生類）ではなく，サンショウウオやイモリの仲間（有尾両生類）で知られて

6章 両生類の変態とホルモン

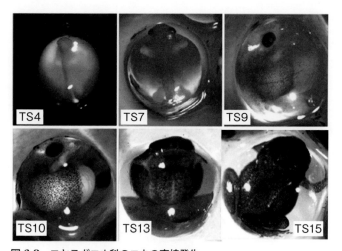

図 6.3 コヤスガエル科のコキの直接発生
図中，たとえば TS4 の表記は，タウンゼンドとスチュワート（Townsend & Stewart）による発生段階（引用文献 6-15）であることを示す．TS15 の後，卵から孵化する．Elsevier 社から許可を得て掲載．

いる．ネオテニーを行う有尾両生類として有名なものがメキシコサンショウウオ（*Ambystoma mexicanum*）である．通称アホロートルと呼ばれ，ウーパールーパーという愛称でも知られている．トノサマガエル（*Pelophylax nigromaculatus*）やアフリカツメガエルのような無尾両生類では，下垂体から甲状腺刺激ホルモン（thyroid-stimulating hormone：TSH）が分泌され，これが甲状腺に働きかけて甲状腺ホルモンが分泌され，それによって変態が誘導される．それに対して，アホロートルでは<u>TSH の合成が阻害されている</u>ことが知られている．アホロートル以外でも幼形成熟する有尾両生類は知られているが，変態が阻害される原因は種ごとに異なる．たとえばトラフサンショウウオ（*Ambystoma tigrinum*）では，TSH 合成に必要な副腎皮質刺激ホルモン放出ホルモン（corticotropin-releasing hormone：CRH）の合成が視床下部で阻害されている．また，*Necturus* 属の種では，甲状腺ホルモン受容体が欠損していることが示唆されている．いずれにせよ，これらの種では甲状腺ホルモンが機能するに至る経路のどこかが阻害され，結果として幼生

の形態をとどめることになる.

　アホロートルの場合，上述のように TSH 合成が阻害されている. そのため甲状腺ホルモンの合成も阻害され，幼生に特徴的な外鰓と尾鰭が残り，一見したところ，幼生の形態を残したままで成熟し繁殖する. この「一見したところ」というのがポイントである. なぜなら，詳細に調べると，アホロートルの成体は幼生とは部分的に異なり，いくつかの成体に特徴的な形質をもつからである. たとえば皮膚の表皮の下には，真皮と呼ばれる層がある. 無尾両生類の胴体部では，成体になるとこの真皮に粘液を作り出す粘液腺ができる. じつはアホロートルにも**成体器官**である粘液腺ができる. しかも無尾両生類の幼生期の後半に当たる後期幼生期になってからできてくる [6-16]. なお，幼形成熟するため，後期幼生期であると断定できないが，小さな幼生にはなく，大きく成長した幼生にはできてくる. また，無尾両生類では，変態期に，赤血球が幼生型から成体型へとつくり換えられるが，アホロートルでもそのつくり換えが起こる [6-17]. つまりアホロートルは，体型は一見幼形であっても，成熟した後では真皮や赤血球は成体型へと変化している.

　では，どのようにしてこれらの変化が起こるのだろうか？　アホロートルでは TSH の合成が阻害されているが，甲状腺という器官そのものは存在する. したがって，ごくわずかな甲状腺ホルモンに対して，粘液腺や赤血球の前駆細胞だけが敏感に反応し，成体型の組織へとつくり換えられている可能性がある. 北海道に生息するエゾサンショウウオ（*Hynobius retardatus*）でも，薬剤や甲状腺除去で甲状腺ホルモンの合成を阻害すると，アホロートルのように外鰓や尾鰭は残り，粘液腺や成体型赤血球が合成される [6-18]. これも，薬剤で止めきれなかったごくわずかなホルモンに粘液線や赤血球が応答していると考えると説明できる. 一方，エゾサンショウウオから外科的に下垂体を除去すると，赤血球は幼生型のままとどまる [6-19]. これらのことから，赤血球の成体化には，下垂体に由来する因子が甲状腺を介さずに関わっている可能性が考えられている. ネオテニーの機構の解明から，有尾類の変態に関わる甲状腺ホルモン以外の因子がわかってくるかもしれない.

コラム 6.2
直接発生の孵化タイミングは卵に加えられた振動を感知して決める？

　コキはカエルになってから孵化すると本文中に記載したが，じつは，尾がついたまま，つまり四肢が生えた無尾両生類の変態末期のような形で，孵化する場合もある．尾の大きさもばらばらである．これはどうしてなのだろうか？　孵化のタイミングにばらつきが生じるからである．直接発生とは，そもそも泳ぎ回るオタマジャクシの時期をスキップするもので，弱い幼生の時期に水中で起こる捕食を免れるという点が有利であると考えられている．孵化のタイミングについては，アメリカのワーケンチン（Warkentin）らのグループによるアカメアマガエル（*Agalychnis callidryas*）の興味深い研究がある．この種の卵は水面上の葉に産みつけられるが，胚は卵に加わる振動が捕食動物によるものなのか，それとも雨などの自然のものなのかを聞き分けて孵化のタイミングを決定しているという[6-20]．早まって未熟な状態で孵化すると，水の中で捕食動物によって捕食されるリスクが増すが，葉上で捕食者に襲われそうだと判断すると水中で捕食されるリスクを冒してでも水中へと逃げ込む．じつは哺乳類の早産にも振動が原因となっている例が知られている[6-21]．しかし，カエルの胚がどのように振動の情報を受け取り，処理され，早期の孵化につながるのかまだ明らかにされていない．

6.4　上皮系細胞の変態

　両生類の変態において変化するさまざまな器官の中で（コラム 6.3 を参照），上皮系器官には，水棲生活から陸上生活に適応するために明瞭な変化が起こる．皮膚は水と空気という異なった外界とのバリアとして機能するために，一方，腸管上皮は食性の変化に適応するために，いずれもその変化は急速でかつ劇的である．幼生の皮膚は，魚などの水棲動物に特有のスケイン細胞（イバースの像として知られるトノフィラメントを細胞内構造として有する細胞）と，外から水が入ってこないよう密着結合によって横方向に結合している最外層のアピカル細胞との 2 種の細胞で構成されている[6-22]（図

6.4 上皮系細胞の変態

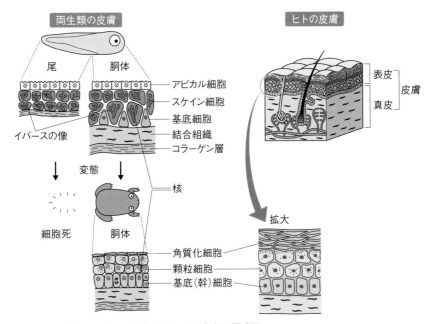

図 6.4 カエルの皮膚とヒトの皮膚の模式図
幼生の皮膚は胴体では幼生型から成体型の表皮細胞に入れ換わる.
カエルの皮膚は毛がないだけで, ヒトの皮膚とよく似ている.

6.4). 成体になると, スケイン細胞もアピカル細胞も細胞死（アポトーシス: apoptosis）に陥り消失するが, 変態期につくられる基底（幹）細胞 (basal

---

コラム 6.3
変態しない器官は生殖腺だけ

表 6.1 にリストアップした器官が, 変態のときに変化するとされている[6-23]. 変態の前後で変化しないのは生殖腺だけで, それを利用して, 両生類の変態の研究において対照実験として用いられることが多い. なお, 性決定の原因遺伝子もアフリカツメガエルにおいては明らかになっており, 生殖腺は NF stage 45 付近で見え始め, 雌雄決定はすぐ後の NF stage 48/49 ぐらいで決定される.

6章　両生類の変態とホルモン

表 6.1　無尾両生類における変態する器官としない器官

消失する器官（幼生特異的）	
鰓	鰓は小さな器官であるが変態時に完全消失する (Atkinson, 1975)
尾	尾は幼生体の体積の半分を占めるが変態時に完全消失する (Kerr et al., 1974)
変化する器官（幼生→成体）	
脳	間脳の甲状腺ホルモン依存的な形態変化 (Cooksey, 1922)
神経索	眼の神経の再編成 (Nakagawa et al., 2000)
眼	膜の形態変化・クリスタリンタンパク質の質的変化 (Marsh-Armstrong et al., 1999; Doyle & Maclean, 1978)
心臓	ねじれの向きが変化 (Ison, 1968)
骨	軟骨が堅い骨へと部域性をともなって骨化する (Kemp & Hoyt, 1969)
小腸	小腸上皮の部域性をともなった全体的なつくり換え・長さの変化 (Ishizuya-Oka & Shimozawa, 1987)
腎臓	前腎の甲状腺ホルモン依存的な消失・消化酵素分泌の変化 (Fox, 1971)
肝臓	尿素回路酵素の産生に関する変化 (Cohen, 1970)
赤血球	幼生型から成体型ヘモグロビンタンパク質への変化 (Dorn & Broyles, 1982)
肺	鰓の消失と同じタイミングで形態的に増大する (Atkinson, 1975)
筋肉	胴部は幼生型から成体型ミオシンタンパク質への変化・尾では完全消失する (Nishikawa & Hayashi, 1994)
膵臓	変態期に縮小し変態後に増大，消化酵素分泌の変化 (Mukhi et al., 2008)
皮膚	幼生細胞の尾部での完全消失と胴部での成体型への部域性をともなったつくり換え (Izutsu et al., 1993)
胸腺	胸腺細胞（おもに T 細胞）の細胞死をともなった大規模な入れ換え (Ruben et al., 1994)
新たに出現する器官（成体特異的）	
四肢	(Taylor & Kollros, 1946)
変化しない器官	
生殖腺	(Dott & Dott, 1976)

変態のときに変化するとされている器官をリストアップした．そのうち形態変化をともなうものは太字で記載した．

stem cell) から成体型の皮膚が形成される．この変化にともない，最外層が角質化し，毛こそ生えないが哺乳類の皮膚と基本的に同じ構造になる．この皮膚変化には，他の組織にはない特徴として部域特異性がある．つまり，成体型への変化は胴体部分だけで起こり，**幼生器官**である尾では起こらず，細胞死に至る．このように皮膚は全身を覆うひとつながりの器官でありながら，変態中に胴体部では成体化し，尾では消滅する．しかも，その変化の途

中でも常に，幼生の特徴を保持したまま外界のバリアとしての機能を果たし続ける．

一方，腸管は成体の肉食生活にむけて変態期に短くなるが，上皮には輪状ひだと呼ばれる微細なひだ構造が多数発達してくる．この際には，それまで機能していた幼生上皮細胞の大部分が細胞死に陥り，未分化な幹細胞が活発に増殖・分化することによって成体型上皮が形成される．

6.5 免疫系細胞の変態

両生類の変態期には，免疫系の細胞（コラム6.4参照）もまた大規模に入れ換わる[6-24]．培養した尾の組織片の退縮が実験的に示されたのと同時期に，同じくウエーバーによって，アフリカツメガエルの変態期の幼生の尾の筋肉細胞中に，貪食能力をもつ細胞が電子顕微鏡によって観察されている．このことよりマクロファージのような貪食能力をもつ免疫細胞が，細胞死した尾の細胞を早急に後始末しているのではないかと推測されていた．なお実際にT細胞やB細胞の存在が報告されたのは，その後の1980年代になってからである[6-20]．アフリカツメガエルのT細胞は，哺乳類と同じように胸腺から分化するが，この分化は変態より一か月も前に起こる．つまり変態期に新たに分化してくる成体型の抗原は，幼生の免疫系には異物のはずである．それにもかかわらず，どのようにしてそれらを自己組織として受け入れるのだろうか．このような発生過程における**自己寛容**の成立機構についても活発に研究が行われてきた．そして近年，この機構は以下に述べるような皮膚移植実験によって概要が明らかにされた．

アフリカツメガエルの幼生の背中（受け入れ側；ホスト）に，完全に異なった系統の成体の皮膚を移植すると，移植片は拒絶され破壊される（F系統の成体の皮膚移植片をJ系統の幼生ホストへ移植）．一方，半分異なった系統，つまり同系統と別系統のハイブリッドである成体の皮膚を幼生に移植すると，ほとんど拒絶されない（J系統とF系統とをかけ合わせたF1であるJF成体の皮膚移植片をJ系統の幼生ホストへ移植）．ところが，同じ組み合わせでもホスト側が成体になってから同じ実験を行うと，移植片は拒絶さ

れるようになる（JF 成体の皮膚移植片を J 系統の成体ホストへ移植）．これらの結果は，幼生の免疫系のほうが非自己を認識する力が弱いこと（免疫寛容）を示している．それゆえに，新たな組織・細胞分化をともなう変態を乗り越えられるのだと説明されてきた．

　変態期には胸腺においても細胞死が起こり，胸腺細胞が成体型に完全に入れ換わる．しかしこの入れ換わりには他の組織のように甲状腺ホルモンは関与せず，ホルモンにはよらない何かが免疫細胞の成体化に関与していると考えられている[6-25]．免疫細胞のみならず，補体系さえも幼生と成体では活性が異なることもわかっている．しかし，変態にともなう免疫系の変化のしくみが完全に解明されるにはまだ時間がかかりそうである．

コラム 6.4
免疫系に働く細胞

　免疫系のおもな細胞として，異物を取り込み，分解する作用（貪食作用）をもち自然免疫に働くマクロファージ，異物抗原に対する抗体を産生する B 細胞，自己非自己を認識し獲得免疫の中心的司令塔として働く T 細胞がある．そのほか自然免疫に働く NK（ナチュラルキラー）細胞や好中球など，両生類にも哺乳類と同等の免疫系がある．免疫系の細胞はヒトでは骨髄で発生する．一方，アフリカツメガエルでは骨髄は幼生にはなく，成体になると形成される．しかし，骨髄では細胞分裂がほとんど見られないので，免疫系の細胞が発生する器官は中腎ではないかと言われているがまだよくわかっていない．

6.6　変態機構に働く免疫系

　変態期に，ありとあらゆる器官が幼生型から成体型へと換わることについて上述したが，成体型に変化した皮膚と，幼生型の皮膚の性質はどのぐらい異なるのだろうか？　J 系統という MHC（主要組織適合性複合体：major

6.6 変態機構に働く免疫系

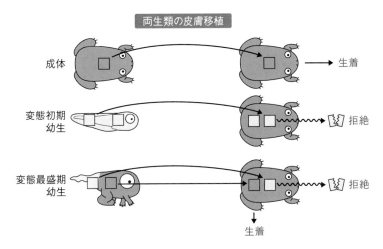

図 6.5 近交系 J 系統を用いた皮膚移植実験
J 系統ツメガエルは完全な近交系なので，成体同士の皮膚移植では拒絶は起こらない．しかし，変態初期の幼生の皮膚移植片は同系統の成体から拒絶される．変態最盛期の幼生の胴体部分の皮膚は成体型組織へ変換しているので生着するが，尾の皮膚は異物として拒絶される．

histocompatibility complex) が完全に同一な，つまり MHC に関しては純系であるアフリカツメガエルを使って（ヒトだと一卵性双生児に相当する），皮膚移植実験が行われた．J 系統の幼生の尾の皮膚を，同じ系統の変態直後の成体に移植すると，移植片は拒絶される（図 6.5）．変態中の幼生の成体化しつつある胴体の皮膚と，同じ個体の尾部の皮膚をそれぞれ変態直後の成体に移植すると，胴体の皮膚は生着し，尾部の皮膚は拒絶される．つまり，変態直後の成体は，胴体の部分の皮膚は自己組織として受容するが，尾の皮膚は異物として拒絶する．

この移植実験で重要なことは，二次応答が起こることである．二次応答とは，同じ移植を繰り返すと，移植された皮膚にのみ存在する抗原に対する抗体が産生されることにより，より激しく拒絶が起こる現象を指し，免疫応答の 1 つの特徴である．そこで，幼生皮膚の移植に対する拒絶を繰り返し行わせることで，幼生皮膚にのみ存在するタンパク質に対する抗体を得ることが可能となる．これを利用して 2 種の幼生に特異的な抗原タンパク質が同定さ

6章 両生類の変態とホルモン

れた．これらのタンパク質は，尾を自ら壊すときの目印（抗原）となることから，己の尾を食らう空想上の生き物の名前からオウロボロス（ouroboros；ギリシャ語）と命名された．

2つのオウロボロスタンパク質は，初期胚の時期には発現しておらず，変態が開始されてから皮膚に発現する（図6.6上段，内在性 Ouro の発現）．その発現様式には部域特異性が見られ，変態期に全身でいったん弱く発現するが，胴体部分では変態末期に消失する（図6.1，図6.6上段）．一方，尾で

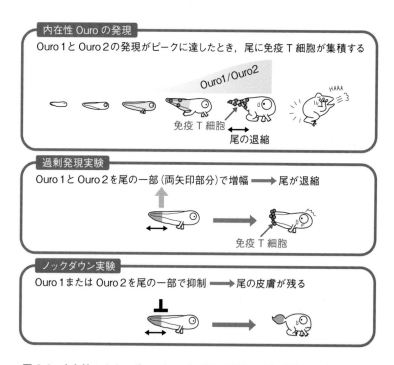

図 6.6 内在性のオウロボロスタンパク質の発現と遺伝子組換え実験
上段：オウロボロスタンパク質は2つとも変態期にいったん全身で弱く発現するが，その後，発現量は胴体では抑制され，尾で増加する．尾が退縮する段階になると尾にのみ存在するようになり，そこに免疫T細胞が集積する．中段：過剰発現実験．*ouro1* と *ouro2* 遺伝子を尾で過剰発現させると，尾の崩壊が早まる．また，T細胞の集積も誘導される．下段：ノックダウン実験．両方，あるいはどちらか片方のオウロボロスタンパク質の発現を抑制すると，変態が完了しても尾の一部が残る．

はその発現量が増え続け，退縮を開始する時に最大値に達する．このオウロボロスタンパク質をコードする遺伝子 *ouro1* と *ouro2* について，遺伝子組換え技術を使って，gain-of-function（図 6.6 中段，過剰発現実験）と loss-of-function（図 6.6 下段，ノックダウン実験）が行われた[6-26]．まず尾の縮む前の幼生の尾に，2 つのオウロボロスタンパク質を過剰に発現させると，通常は 10 日ほどかけて縮む尾が 4 日間ほどで壊れる．このとき，片方だけのタンパク質の過剰発現では尾は崩壊しない．実際の尾においても 2 つのオウロボロスタンパク質がそろって発現することからも，両方が存在してはじめて機能するタンパク質だと考えられる．その考えと矛盾することなく，オウロボロス遺伝子のノックダウン実験では，*ouro1* と *ouro2* 両方の遺伝子機能を阻害した場合はもとより，2 つのうちのどちらか片方を阻害するだけでも尾の組織の一部が残った．これらの結果から，オウロボロスという免疫抗原タンパク質が変態期に分化してきた成体型免疫細胞の標的となり，それによって尾が消失することが示された．これは，両生類の変態には免疫反応を介した経路も関与していることが初めて明らかにされた例である．

6.7 両生類の変態研究は今後どのように発展していくのか

　両生類の変態が甲状腺ホルモンによって引き起こされることを示した最初の実験からほぼ 100 年が経過した．この間，甲状腺ホルモン受容体の発見，プロラクチンやコルチコステロンなど他のホルモンの作用の解析，免疫系の関与の発見などを通じ，時間的制御や組織特異的な変化など，変態を制御するしくみについて，かなり詳細な点まで明らかにされてきた．今後はどのような遺伝子やタンパク質のネットワークの中で変態が誘導されるのかを明らかにしていくことが重要である．

　そのような解析を進めるための基盤として，両生類でも**ゲノムプロジェクト**が進行している．ゲノムプロジェクトとは，DNA の全塩基配列を解読し，タンパク質をコードしている領域や，生物学的な情報の注釈をつけること（アノテーション）である．両生類を対象としたゲノムプロジェクトとしては，アフリカツメガエル J 系統や，近縁種のネッタイツメガエル Nagerian 系統

についてはほぼ完了している（2016年5月現在）．また近年，特定のDNA配列を切断し，遺伝子の欠失などを効率的に行う**ゲノム編集技術**も発達した．これらの技術は基本的に動物種を選ばないため，ゲノムプロジェクトで得られた情報を利用しながら，ますます遺伝子レベルでの機能解析が試されるだろう．

　変態現象で見られる幼生体から成体へのリモデリングは多かれ少なかれどの動物にも見られる共通のプロセスである．そして両生類では，蛹（さなぎ）の中でリモデリングが行われる昆虫と違って，常に外界と接し，機能を果たしながらつくり換えを行うところに最大の特徴がある．つまり，つくり換えの最中であっても機能しつづけなければならない．それゆえに，劇的かつ急激なつくり換えを必要とするのであろう．しかも，そのつくり換えは発生後期に行われる．したがって，ゲノム編集によってはじめから重要な因子を欠損させてしまったり，あるいは薬剤を体全体に作用させたりする実験だけでは，発生後期の，組織ごとに異なる反応を示す変態現象を解明するには不十分である．どのような遺伝的なプログラムが<u>時間的・空間的</u>に機能しているのか？　どのような**細胞間・三次元的コミュニケーション**が必要なのか？　どの場（ニッチ）においてそれは必要なのか？その場はどのような因子によって場として用意されているのか？　それらにかかわる問題点を注意深くひも解き，いくつものデータの矛盾点を解決していくことによって，変態のしくみにかかわるリモデリングの原理原則を探り出せるものと思う．

6章 参考書

　吉里勝利（1990）『変態の細胞生物学』東京大学出版会．

　井筒ゆみ（2015）milsil（ミルシル），**45**: 15-19.

6章 引用文献

6-1) Gudernatsch, J. F. (1912) Archiv für Entwicklungsmechanik, **35**: 475-483.

6-2) Allen, B. M. (1916) Science, **44**: 755-758.

6-3) Weber, W. (1963) Helv. Physiol. Acta., **21**: 277-291.

6-4) Leloup, J., Buscaglia, M. (1977) C. R. Acad. Sci., **284**: 2261-2263.

6-5) Nieuwkoop, P. D., Faber, J. (1956) "Normal Table of Xenopus laevis (Daudin)" North-Holland, Amsterdam.

6-6) Townes, P. L., Holtfreter, J. (1955) J. Exp. Zool., **128**: 53-120.

6-7) Yoshizato, K., Frieden, E. (1975) Nature, **254**: 705-707.

6-8) Yaoita, Y., Brown, D. D. (1990) Genes Dev., **4**: 1917-1924.

6-9) Huang, H., Brown, D. D. (2000) Proc. Natl. Acad. Sci. USA, **97**: 195-199.

6-10) Kulkarni, S. S., Buchholz, D. R. (2014) Gen. Comp. Endocrinol., **203**: 225-231.

6-11) Brown, D. D. (2005) Thyroid, **15**: 815-821.

6-12) Becker, K. B. *et al.* (1997) Endocrinology, **138**: 2989-2997.

6-13) Taylor, A. C., Kollros, J. J. (1946) Anat. Rec., **94**: 7-13.

6-14) Callery, E. M., Elinson, R. P. (2000) Proc. Natl. Acad. Sci. USA, **97**: 2615-2620.

6-15) Townsend, D. S., Stewart, M. M. (1985) Copeia, **1985**: 423-436.

6-16) Holder, N., Glade, R. (1984) J. Embryol. Exp. Morph., **79**: 97-112.

6-17) Ducibella, T. (1974) Dev. Biol., **38**: 187-194.

6-18) Wakahara, M., Yamaguchi, M. (1996) Zool. Sci., **13**: 483-488.

6-19) Satoh, S. J., Wakahara, M. (1999) Gen. Comp. Endocrinol., **114**: 225-234.

6-20) Caldwell, M. S. *et al.* (2009) J. Exp. Biol., **212**: 566-575.

6-21) Nakamura, H. *et al.* (1996) Eur. J. Appl. Physiol., **72**: 292-296.

6-22) Robinson, D. H., Heintzelman, M. B. (1987) Anat. Rec., **217**: 305-317.

6-23) Fox, H. (1983) "Amphibian metamorphosis" Humana Press, Clifton, New Jersey.

6-24) Izutsu, Y. (2009) Front. Biosci., **14**: 141-149.

6-25) Rollins-Smith, L. A. *et al.* (1988) Differentiation, **37**: 180-185.

6-26) Mukaigasa, K. *et al.* (2009) Proc. Natl. Acad. Sci. USA, **106**: 18309-18314.

7. 鳥類の胚発生における甲状腺ホルモンの役割

Veerle Darras・岩澤　淳

　甲状腺ホルモンは恒温動物の代謝や体温の調節作用でよく知られている．このホルモンはすべての脊椎動物に存在し，進化を通じて保存されたおもな役割は発生を適切に調節することである．初期の胚は甲状腺ホルモンを母親（卵黄・胎盤）から得ているが，やがて胚自身の甲状腺がその役割を引き継いでいく．体内で最も複雑な構造物である脳は甲状腺ホルモン欠乏にとりわけ弱く，鳥胚の脳の研究はこのホルモンの多様な作用の解明に役立っている．

7.1　甲状腺ホルモンはなぜ胚発生にとって重要なのか？

　甲状腺ホルモンはヨウ素化されたチロシンからつくられるホルモンで，化学構造はすべての脊椎動物で共通である．合成過程や作用のしくみも脊椎動物の進化を通じておおむね保存されている．甲状腺ホルモンは事実上，体内のあらゆる細胞に作用する．甲状腺ホルモンとその核受容体（7.2 節）は，胚発生のきわめて早い段階から見いだされ，体のほぼすべての組織の正常な発生に不可欠である．最も古くから知られている例はヒトのクレチン病（おもにヨウ素が不足している地方で起こった深刻な心身発育不全）で，約1世紀前にこれがヨウ素欠乏，つまり母親や新生児の甲状腺ホルモンの欠乏と関係のあることが示された．その後の研究によって，このホルモンが，脊椎動物の発生の際に，細胞の増殖と分化を推し進める複雑な分子経路の調節に重要な役割を果たすことが示されてきた．甲状腺ホルモンがなければヒラメは「左ヒラメ」にならないし（5 章参照），オタマジャクシはカエルにならず，ヒヨコはけっして孵化しない．本章ではまず甲状腺ホルモンの基礎を紹介し，そして鳥類の発生における役割を詳しく述べることにする．なお，甲状腺の

相同器官である内柱をもつ動物群については4章を参照されたい．

7.2 甲状腺ホルモンとその作用のしくみ

7.2.1 甲状腺ホルモンの合成と分泌

　甲状腺ホルモンの合成は甲状腺の構造的・機能的単位である甲状腺濾胞(ろほう)で行われる（図7.1）．甲状腺濾胞は内腔を囲む一層の**甲状腺細胞**で構成され，内腔はコロイドで満たされている．コロイドは甲状腺に特有のタンパク質である**チログロブリン**（thyroglobulin：TG）よりなり，これに結合した状態で甲状腺ホルモンを大量に含んでいる．ホルモンを細胞外に蓄える内分泌器官は甲状腺だけである．ヨウ素は甲状腺ホルモンの合成に必須で，食物や水にごく少量含まれている．甲状腺細胞は血中のヨウ素イオンを濃度勾配に逆らって取り込むことができ，体内のヨウ素の約90%が甲状腺内に見いだされる．甲状腺は高効率でヨウ素を濃縮するので，環境が放射性ヨウ素で汚染されると動物体にとって有害となりうる．原発事故の際のヨウ素剤服用は，大量の非放射性ヨウ素によって放射性ヨウ素を希釈し，放射性ヨウ素が甲状腺に取り込まれる割合を低くするのが目的である．

　甲状腺はタンパク質のヨウ素化を行う唯一の器官である．甲状腺細胞には**甲状腺ペルオキシダーゼ**（thyroid peroxidase：TPO）という酵素が存在し，ヨウ素イオンを酸化して生じたヨウ素原子をTG内のチロシン残基の芳香環に2つ結合させてジヨードチロシンを生成する．続いて2分子のジヨードチロシンから3, 5, 3', 5'-テトラヨードチロニン（チロキシン，T_4）が合成される．モノヨードチロシンと結合して3, 5, 3'-トリヨードチロニン（T_3）を生じる場合もあるが，十分量のヨウ素が得られるときには，甲状腺はおもにT_4を合成する．

　甲状腺ホルモンの分泌は，甲状腺細胞によるコロイドの取り込み，細胞内でのリソソームとの融合によるTGの分解，生じたT_4とT_3の血中への放出という順で行われる．下垂体から分泌される**甲状腺刺激ホルモン**（thyroid-stimulating hormone：TSH）は甲状腺細胞膜のTSH受容体に結合し，上述のような甲状腺ホルモンの合成と分泌の複数のステップを刺激する．

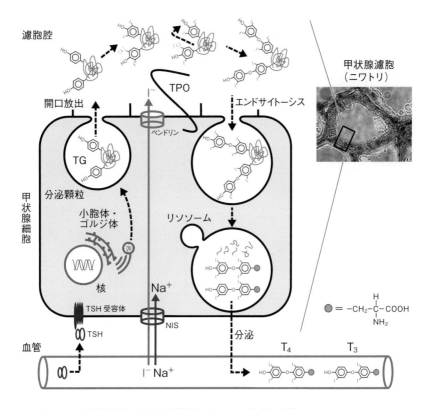

図 7.1　甲状腺細胞における甲状腺ホルモンの合成と分泌

ニワトリ甲状腺濾胞の光学顕微鏡写真（右上）と，写真の黒枠部分を拡大した甲状腺細胞の模式図．ヨウ素イオンはナトリウム・ヨウ素共輸送体（Na$^+$/I$^-$ symporter：NIS）によって濃度勾配に逆らって細胞内に取り込まれ，細胞内を移動し，ペンドリンというチャネルを通過して濾胞腔に入る．チログロブリン（TG）は二量体の巨大な糖タンパク質で，甲状腺細胞内で合成されて，分泌顆粒の開口放出によって濾胞腔に分泌される．甲状腺細胞の濾胞側の細胞膜にある甲状腺ペルオキシダーゼ（TPO）という酵素が，TG のチロシン残基の芳香環をヨウ素化し，チロシン残基の2個の芳香環を結合させて TG 分子内で甲状腺ホルモンをつくる．甲状腺ホルモンはこの形で濾胞に蓄えられる．甲状腺ホルモンが分泌される際は，TG がエンドサイトーシスによって細胞内に取り込まれ，リソソームのタンパク質分解酵素による分解で生じた T_3 と T_4 が血中に分泌される．甲状腺刺激ホルモン（TSH）は甲状腺細胞の受容体に結合して，NIS，TG，TPO の遺伝子発現の促進や，ヨウ素化された TG のエンドサイトーシスなど，細胞内の複数の過程を刺激することで，甲状腺ホルモンの合成と分泌を促す．

7.2.2 甲状腺ホルモンの作用のしくみ

甲状腺ホルモンはおもに，標的細胞の核の**甲状腺ホルモン受容体**（thyroid hormone receptor：TR）に結合することで作用する．鳥類は3種類の受容体（*thra* 遺伝子にコードされているTRαと，*thrb* 遺伝子にコードされているTRβ2，TRβ0）をもっているが，いずれも T_4 よりもはるかに高い親和性で T_3 と結合するので，一般に T_3 は「活性型の」甲状腺ホルモン，T_4 は「ホルモン前駆体」と考えられている．甲状腺はおもに T_4 を分泌するので，この「前駆体」は末梢組織で T_3 に転換されて働くことになる（7.2.4項）．

TRは甲状腺ホルモンに応答する遺伝子の転写因子として働く．すなわち，TR分子内にはDNA結合部位があり，甲状腺ホルモンに応答する遺伝子のプロモーター領域にある**甲状腺ホルモン応答配列**（thyroid hormone response element：TRE）に結合する．他の多くの核受容体と異なり，TR

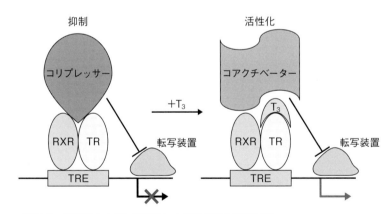

図7.2 甲状腺ホルモン受容体による遺伝子の転写制御
甲状腺ホルモン受容体（TR）は，ホモ二量体，またはおもにレチノイドX受容体（retinoid X receptor：RXR）と会合したヘテロ二量体のかたちで，甲状腺ホルモンに応答する遺伝子のプロモーター領域にある甲状腺ホルモン応答配列（TRE）と結合する．甲状腺ホルモン（T_3）が存在しないと，この複合体はコリプレッサーを介して遺伝子の転写を抑制する．T_3 が結合すると，複合体の立体構造が変化してコリプレッサーが外れ，コアクチベーターが結合して，転写装置の活性化が起こる．

は甲状腺ホルモンが結合していない状態でも DNA に結合できる．この場合，通例はコリプレッサーが動員されて遺伝子の転写を抑制する．甲状腺ホルモンが TR に結合するとコリプレッサーが外れ，コアクチベーターが動員されて，転写が活性化される（図 7.2）．この抑制から活性化への（負に調節されている遺伝子の場合は逆の）切り替えは，発生過程の多くの組織で，増殖から分化への移行（後述）を制御する重要な調節機構となっている．

　こうしたゲノム作用以外に，甲状腺ホルモンは細胞膜，細胞質，ミトコンドリアの受容体に結合して，非ゲノム作用を発揮することも最近明らかにされてきた．この受容体には，T_4, 3, 3', 5'-トリヨードチロニン（reverse T_3：rT_3）や 3, 5-T_2 といった T_3 以外のヨードチロニンと親和性が高いものがあるので，これらのホルモンはもはや「非活性型」とはいえない．しかし，発生過程では核受容体への T_3 の結合が甲状腺ホルモンのおもな作用機構であることは間違いない．

7.2.3　標的細胞と細胞内への甲状腺ホルモンの輸送

　血中の甲状腺ホルモンは大部分がタンパク質に結合して運ばれており，遊離型はわずかである．哺乳類を除く脊椎動物のおもな**甲状腺ホルモン輸送タンパク質**は，かつてプレアルブミンと呼ばれていたトランスサイレチン（transthyretin：TTR）と，アルブミンである．アルブミンは甲状腺ホルモンとの親和性は低いが大量に存在する．TTR は量は少ないが，とくに T_3 との親和性が高い．哺乳類では他の脊椎動物と異なり，TTR は T_3 よりも T_4 との親和性が高く，さらに，チロキシン結合グロブリン（thyroxin binding globulin：TBG）という T_4 との親和性が高いタンパク質が存在する．これらの輸送タンパク質は，結合型と遊離型の甲状腺ホルモンの平衡を調節し，血中の生物学的半減期に大きく関与する．ヒトの場合，T_4 の半減期は 1 週間弱，T_3 は約 1 日である．鳥類は TBG を欠くので半減期はずっと短く，T_4，T_3 ともに約 2〜8 時間である．結合型と遊離型を合わせた全 T_3 の血中濃度は哺乳類と同様だが，全 T_4 の血中濃度は哺乳類よりかなり低い．成鳥の血中 T_4／T_3 比はおよそ 10 である．

標的細胞に届いた甲状腺ホルモンが核受容体に到達するためには細胞膜を横切る必要がある．細胞膜を通過できるのは遊離型の甲状腺ホルモンだけである．かつて，甲状腺ホルモンのような疎水性分子は脂質二重膜を単純に拡散して通過すると思われていたが，実際は，甲状腺ホルモンは容易には細胞膜を通過しない．細胞への甲状腺ホルモン取り込みの大部分は，細胞膜の**甲状腺ホルモン輸送体**，すなわちモノカルボン酸輸送体（monocarboxylate transporter：MCT），有機アニオン輸送ポリペプチド（organic anion-transporting polypeptide：OATP），L型アミノ酸輸送体（L-type amino acid transporter：LAT）など，さまざまな輸送体ファミリーに属する膜貫通輸送体を介して起こる．これらのうち，MCT8，MCT10，OATP1C1 は最も効率の良い甲状腺ホルモン輸送体で，OATP1C1 は T_4 に親和性が高い．LAT1 も甲状腺ホルモンを輸送するが親和性は低い．LAT2 は他のすべての脊椎動物の綱で見いだされているが，鳥類にはないようである．輸送体が甲状腺ホルモンの流入だけでなく流出も調節することは重要で，これは神経細胞とグリア細胞といった隣接する細胞間や細胞と循環血液の間での甲状腺ホルモンのやりとりを可能にしている．T_4 を T_3 に活性化できないために T_3 の取り込みに頼っている細胞もある．こうした細胞の発生と機能にとってこれは不可欠なことである．

7.2.4 甲状腺ホルモンの細胞内での活性化と不活性化

甲状腺ホルモンの代謝で最も重要なのは，甲状腺ホルモン分子の外側または内側の芳香環からヨウ素が除去（それぞれ outer ring deiodination：ORDおよび inner ring deiodination：IRD という）される**脱ヨウ素化**である．1型，2型および3型脱ヨウ素酵素（DIO1，DIO2，DIO3；D1，D2，D3 とも呼ばれる）によって行われ，甲状腺ホルモンの活性化または不活性化をもたらす（**図7.3**）．これらの酵素は，特殊なアミノ酸であるセレノシステインを活性部位に含んでいるという点で珍しいタンパク質である．脱ヨウ素酵素は内在性膜タンパク質で，細胞膜（DIO1，DIO3 の場合）または小胞体（DIO2 の場合）にあり，活性部位を細胞質に向けている．

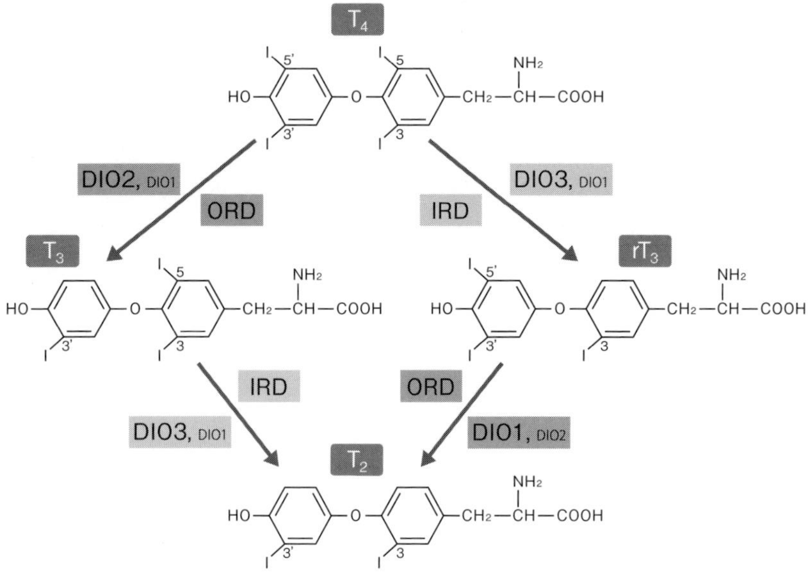

7章　鳥類の胚発生における甲状腺ホルモンの役割

図 7.3　3種の脱ヨウ素酵素による甲状腺ホルモンの脱ヨウ素化の経路
脱ヨウ素酵素は T_4 の外側または内側の芳香環からヨウ素を取る（それぞれ，ORD および IRD 活性）ことで，それぞれ T_3 に活性化したり rT_3 に不活性化したりする．T_3 と rT_3 はさらに内側，外側の芳香環からヨウ素を取ることで T_2 へと不活性化される．DIO1 (D1)，DIO2 (D2)，DIO3 (D3) はそれぞれ1型，2型，3型の脱ヨウ素酵素で，その文字の大きさは脱ヨウ素反応における各酵素の働きの重要性を示す．

　DIO1 は ORD と IRD の両方の活性をもつ酵素で，K_m 値は比較的高く（甲状腺ホルモンの生理的な濃度より高い．コラム 7.1 参照），基質の選好は $rT_3 \gg T_4 > T_3$ である．鳥類では肝臓，腎臓，腸での発現量が多く，血中 T_3 のおもな供給源と考えられている．しかし，DIO1 欠損マウスなどでの研究によって，とくに甲状腺機能が正常の場合の T_4 の脱ヨウ素化に関する DIO1 の重要性について，疑問が提起されている．一方，DIO1 は rT_3 などの非活性・低分子のヨードチロニンからの脱ヨウ素化によるヨウ素の回収には重要と考えられる．DIO2 は ORD 活性しかもたない酵素で，K_m 値は低く（選好する基質 T_4 の通常の細胞内濃度と同程度），多くの組織では最も重要な甲状腺ホルモン活性化酵素である．DIO3 は IRD 活性しかない K_m 値の低い酵素で，

選好する基質は T_3 なので，甲状腺ホルモンを不活性化する主要な酵素である．ほとんどの組織は3つの脱ヨウ素酵素の1つまたは複数をもっているので，細胞内の甲状腺ホルモン量を適切に調節することができる．その結果，血中の甲状腺ホルモン濃度が変化しない場合でも，異なる細胞が異なるタイミングで甲状腺ホルモンを活性化できる．この点で，とくにDIO2とDIO3は発生過程の組織，とりわけDIO1活性をほぼ欠くと考えられる脳においては重要である（7.5.1項）．

この節の内容についてさらに学びたい方は総説[7-1～7-3]を参照されたい．

コラム 7.1
酵素反応速度

酵素が一定量のとき，生成物（たとえば T_3）が生じる速度は，基質（たとえば T_4）濃度の増加につれて増加するが，やがて直線は頭打ち（最大値）になる．K_m 値は酵素反応の速度が最大値（V_{max}）の半分であるときの基質濃度を示し，酵素と基質の種類に応じて決まっている．基質濃度が K_m 値よりはるかに低い場合には，酵素はあまり効率的に生成物を生じない．基質濃度が K_m 値をはるかに超えている場合には，酵素が過飽和となり，基質のごくわずかしか触媒することができない．甲状腺ホルモンの血中や甲状腺以外の組織中の濃度は通常 nmol/L の範囲内なので，同様の K_m 値をもつ DIO2 と DIO3 は効率的に機能し，もっと高い K_m 値をもつ DIO1 はあまり効率的でないといえる（図7.4）．

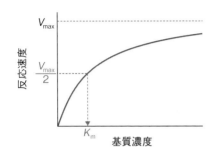

図 7.4 酵素の基質濃度と反応速度（初速度）の関係

7章 鳥類の胚発生における甲状腺ホルモンの役割

7.3 鳥類の胚発生

鳥類の卵内で胚は4つの胚体外膜を形成する（図7.5）．羊膜は胚を保護する羊水を包む膜である．卵黄嚢は胚の腸管と卵黄をつなぎ，卵黄を吸収する．尿膜は排泄物を蓄え，漿膜と融合して卵殻の下に広がる漿尿膜を形成する．漿尿膜は血管が高度に発達し，胚の呼吸（ガス交換）のために不可欠で，卵殻からのカルシウム吸収も行う．孵化は，気室の膜を破る（卵の中で鳴く）→卵殻を破る（くちばしを出して鳴く）→完全な孵化，と続く3段階からなる．これらのステップには，漿尿膜呼吸から肺呼吸への段階的な移行がともなっている．

鳥類の発生は**早成性・晩成性**のいずれかに分類されるが，中間的な種もある．ニワトリ（*Gallus gallus domesticus*），ウズラ（*Coturnix japonica*），アヒ

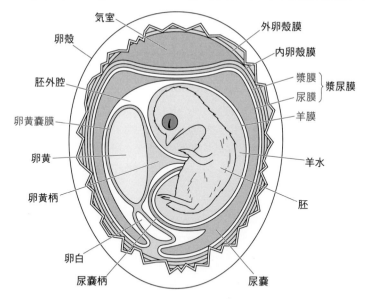

図7.5 ニワトリ胚と胚体外膜（模式図）
ニワトリ胚は体外に羊膜，卵黄嚢膜，尿膜，漿膜の4種類の膜を形成する．尿膜は孵卵4日までに漿膜と融合して，12日までに漿尿膜を形成する．漿尿膜は血管が発達し，卵殻膜のすぐ下に広がって，胚が肺呼吸を始めるまでガス交換を行う「肺」として働く．（引用文献7-4を参考に作図）

7.3 鳥類の胚発生

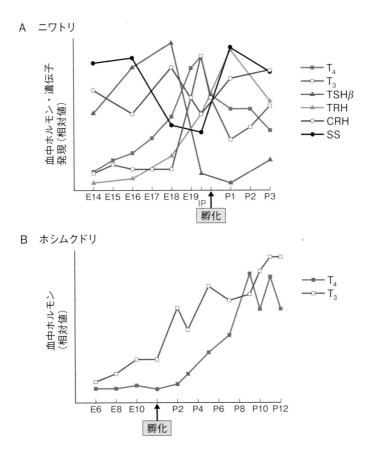

図7.6 早成性と晩成性の鳥の発生過程における甲状腺ホルモンと関連遺伝子の変化
(A) ニワトリ（早成性）の血中甲状腺ホルモンと関連遺伝子．T_3 は T_4 より遅れて血中濃度が増加するが，いずれも孵化の際に雛が卵の中で鳴くときにピーク値を示す．(B) ホシムクドリ（晩成性）の血中甲状腺ホルモン．孵化の際にピークはなく，孵化後2週間でしだいに増加する．E：孵卵日数，P：孵化後の日数，IP：卵の中で鳴く（肺呼吸）時点，TSHβ：TSHベータサブユニット．TRH：甲状腺刺激ホルモン放出ホルモン，CRH：副腎皮質刺激ホルモン放出ホルモン，SS：ソマトスタチン．T_4 と T_3 は血中濃度，TSHβ は下垂体における遺伝子発現量，TRH，CRH および SS は視床下部における遺伝子発現量．

ル（*Anas platyrhynchos domesticus*）など早成性の鳥の雛は移動や採餌ができ，寒さに対して少なくとも部分的な体温調節反応をする．早成性の鳥の孵化は血中 T_4 と T_3 濃度のピークをともなっている．一方，小鳥や猛禽類など晩成性の鳥の雛はもっと未成熟で，採餌や体温調節に関して親に完全に依存している．晩成性の鳥の甲状腺機能はマウスなど晩成性の哺乳類と同様，孵化後数日～数週間経ってようやく完成し，孵化にともなう甲状腺ホルモンのピークは生じない（図 7.6）．

　ニワトリは 1 世紀以上も前から好まれてきた鳥類の発生のモデル動物である．受精卵は産み落とされても温められなければ発生を停止する．この場合，$12 \sim 15℃$ の温度であれば少なくとも 1 週間は停止状態を維持できる．こうして集めた卵を孵卵器に同時に入れれば多数の卵の発生を同期させることができ，観察や操作のためにいつでも取り出せる．ニワトリ胚は温め始めてから孵化が完了するまで約 21 日かかり，外部形態の特徴に基づいてハンバーガー・ハミルトンのステージと呼ばれる 46 の発生段階に分けられている．孵化には全体で 17 ～ 26 時間かかる．孵化は卵を温めて 19 日目から 20 日目に移行する頃に雛が卵の中で鳴くことに始まり，21 日目の途中で雛が卵殻から出てくることで完了する．

7.4　視床下部‐下垂体‐甲状腺軸の発生

　成鳥の甲状腺の活動は，視床下部，下垂体，末梢の相互作用によって制御されている（図 7.7）．TSH は下垂体から分泌されて甲状腺ホルモンの合成と分泌を刺激する．TSH の合成と分泌は視床下部の放出因子と放出抑制因子によって制御される．甲状腺刺激ホルモン放出ホルモン（thyrotropin-releasing hormone：TRH）の他，鳥類など哺乳類以外の多くの脊椎動物では，副腎皮質刺激ホルモン放出ホルモン（corticotropin-releasing hormone：CRH）も強力な TSH 放出因子である（コラム 7.2 参照）．一方，成長ホルモン放出抑制ホルモン（ソマトスタチン：SS）は成長ホルモンと TSH の両方の分泌を抑制する．甲状腺から血中に分泌された甲状腺ホルモン（T_4，T_3）は下垂体と視床下部の両方に負のフィードバック作用を及ぼす．

7.4 視床下部 - 下垂体 - 甲状腺軸の発生

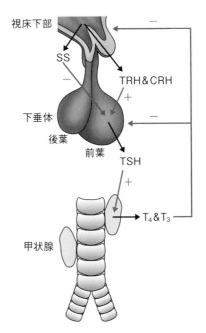

図 7.7　甲状腺機能の上向性・下向性の調節
視床下部の神経分泌細胞は下垂体前葉の甲状腺刺激ホルモン（TSH）産生細胞を刺激または抑制する複数の因子を分泌する．下垂体は TSH を分泌し，甲状腺を刺激する．甲状腺から分泌された甲状腺ホルモン（T_4 と T_3）は視床下部と下垂体に負のフィードバック調節を行う．略号は図 7.6 参照．＋は刺激，－は抑制を示す．鳥類の下垂体に中葉はない．

コラム 7.2
ホルモンの相互作用

　ホルモンの精製や作用の研究が始まった頃，ホルモンはおもに最初に発見された作用に基づいて命名され（甲状腺刺激ホルモン，成長ホルモン（ソマトトロピン），副腎皮質刺激ホルモン放出ホルモンなど），特定の内分泌軸（甲状腺軸，ソマトトロピン軸，副腎軸など）に分類された．やがてさまざまな内分泌軸が複数のレベルで相互作用し，ほとんどのホルモンは複数の機能をもつことがわかってきた．同一のホルモンに複数の受容体が存在し，細胞によって発現する受容体が異なるのである．鳥類の下垂体でのわかりやすい例は，CRH に対する応答である．副腎皮質刺激ホルモン（adrenocorticotropic hormone：ACTH）産生細胞は 1 型 CRH 受容体（CRH-R1）を発現し，CRH

7章　鳥類の胚発生における甲状腺ホルモンの役割

が結合するとACTHの分泌を介して副腎皮質の刺激につながる．一方，TSH産生細胞は2型CRH受容体（CRH-R2）を発現しており，CRHの結合がTSH産生，つまり甲状腺の刺激につながる（図7.8）．

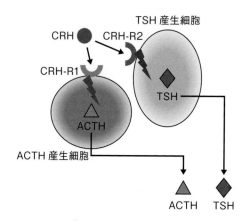

図7.8　CRHがACTHとTSHの分泌を刺激するしくみ

　成鳥では上述したTSHと視床下部の因子が正常な甲状腺機能の維持に働いているが，これらの要素は異なるタイミングで発生・成熟するので，鳥胚や未成熟の鳥では状況が異なっている．この研究は早成性の鳥であるニワトリで最も進んでいる．

　甲状腺は孵卵すなわち卵を温めて2〜3日で前腸の腹側への単一の伸長として発生を開始し，まもなく2つの葉に分かれながら成鳥と同じ位置である気管の両側に移動する．発生過程の甲状腺へのヨウ素の取り込みは孵卵5日に開始し，T_4は5.5日で甲状腺細胞に見いだされる．これは甲状腺の濾胞構造の形成（7〜10日）よりも早い．胚には母鳥由来の甲状腺ホルモンが存在する（7.6節）ので，胚の甲状腺がホルモンを分泌し始める正確な時期を知ることは難しい．ニワトリの甲状腺は孵卵6.5日にはTRHやTSHの投与に応答してT_4を放出できることが実験的に示されているが，正常な発生過

7.4 視床下部-下垂体-甲状腺軸の発生

程では，孵卵期間の約半分を過ぎて内因性の TSH の刺激を受けるようになるまで，十分な量のホルモンは分泌しないと思われる．

ニワトリ下垂体の **TSH 産生細胞**は孵卵 9～10 日に TSH を産生し始める（もう少し早いという報告もある）．TSH の産生は孵化の 1～2 日前まで持続的に増加し，その後減少する（図 7.6）．TRH は孵卵 4.5 日には視床下部に存在するが，視床下部と下垂体をつなぐ血管は孵卵 10～12 日にならないと完成しない．視床下部における CRH とソマトスタチンは孵卵 13～14 日に検出される．下垂体における TRH, CRH, ソマトスタチンの受容体の発現はもっと早い．以上のことから，ニワトリ胚の下向性の甲状腺の制御は発生の最終週に完全に機能的になると考えられる．

血中甲状腺ホルモンのフィードバックによる上向性の調節は最も遅く形成されるようである．甲状腺ホルモンによる TSH 産生・分泌の抑制は，孵化 2 日前に起こることが示されているが，視床下部へのフィードバックが機能的になるのは孵化後の可能性がある．

一方，晩成性の鳥では，こうした制御メカニズムの大部分が確立するのはより遅くにずれこむ．たとえば，ジュズカケバト（*Streptopelia risoria*）の甲状腺が TSH 投与に反応し始めるのは，孵化後数日経ってからである．本種やホシムクドリ（*Sturnus vulgaris*）の血中甲状腺ホルモンは，孵化後数週間かけてようやく成鳥の濃度にまで増加する（図 7.6）．

発生の最終週，TSH は甲状腺を刺激して血中 T_4 濃度を増加させる．一方，血中 T_3 濃度の増加はそれより遅れる．これを制御するのはおもに肝臓，腎臓，骨格筋のような大きくて血流量の多い組織における脱ヨウ素酵素である．ニワトリ胚の孵化前後における血中 T_3 濃度の増加に大きな役割を果たしているのは，成長ホルモンとコルチコステロンである．ニワトリ胚の肝臓には非常に多くの DIO3 が発現しているが，成長ホルモンやコルチコステロンはこの DIO3 の発現を転写レベルですみやかに減少させることができる．これらのホルモンの血中濃度は孵化前の数日間に上昇する．それによって肝臓の DIO3 が減少し，T_3 が分解されなくなることで血中 T_3 濃度の上昇が起こる．このようなコルチコステロンと DIO3 の関係は両生類の変態開始時における

血中 T_3 濃度の上昇にも不可欠と思われる．

この節の内容についてさらに学びたい方は総説[7-5～7-7]を参照されたい．

7.5 甲状腺ホルモンは胚の発生をどのように制御するのか？

甲状腺ホルモンの発生に関する作用は，おそらく脊椎動物の進化を通じて保存されている最も重要な機能である．甲状腺ホルモンは事実上，胚のすべての細胞に働く．甲状腺ホルモンを欠損した鳥は晩成性の種でも正常に発生できない．細胞レベルでは，初期発生は細胞の増殖とそれに続く分化と移動という過程に特徴がある．甲状腺ホルモンは細胞の増殖から分化への転換に非常に重要と考えられる．たとえば，ソニックヘッジホッグ（sonic hedgehog：SHH）のような胚の形態形成に不可欠な因子の遺伝子発現を制御することでその作用を発揮する．また，甲状腺ホルモンは多くの許容作用（他のホルモンが完全に機能するために必要な作用）も発揮する．これらのホルモンのいくつか（成長ホルモン，コルチコステロンなど）は甲状腺ホルモンの放出や活性化に影響を及ぼし，逆に甲状腺ホルモンはこれらのホルモンの合成や放出に影響を及ぼす．こうして鳥類の発生は異なる内分泌軸の相互作用によって調節されている．

7.5.1 脳の発生

脊椎動物の体で最も複雑な器官ともいえる脳の発生は，甲状腺ホルモンに大きく依存している．甲状腺ホルモン受容体（TR）は3種類とも胚発生のごく早い段階から脳で発現しているが，発現状況は脳の部位によって異なる．甲状腺ホルモンは神経細胞とグリア細胞の発生を調節し，神経細胞の増殖，移動，神経突起伸長，シナプス形成や髄鞘形成に関わることが知られている．これらの過程の起こるタイミングが脳の部位や細胞の種類によってかなり異なるので，脳の発生は甲状腺ホルモンの局所的調節が重要であることを示す非常に良い例になる．脳とそれ以外の身体の部分との間には2種類のバリアが存在する（**図7.9**）．第一は脳内の多くの血管の内皮細胞間の密着結合からなる**血液脳関門**である．第二は脈絡叢の外側の上皮細胞間にある密着結合

7.5 甲状腺ホルモンは胚の発生をどのように制御するのか？

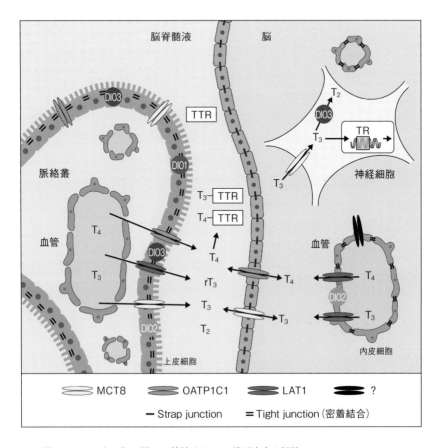

図 7.9 ニワトリ胚の脳に甲状腺ホルモンが到達する経路
甲状腺ホルモンの輸送体と脱ヨウ素酵素が脳の脳の関門で甲状腺ホルモンの取り込みを調節している．血液脳関門は脳の血管内皮細胞間の密着結合で作られているのに対して，血液脳脊髄液関門は脈絡叢の血管ではなく，その外側の上皮細胞間の密着結合で作られている．TTRは脳脊髄液内で甲状腺ホルモンを運ぶのに役立つ．神経細胞は T_4 を T_3 に転換できないので，MCT8を介した T_3 の直接的な取り込みに依存している．取り込まれた T_3 は核の受容体（TR）に結合して遺伝子の転写を制御するか，DIO3によって不活性化される．胚期の脳には密着結合の他にstrap junctionという特殊な細胞間結合が存在し，これも一種の関門として働く．略号は本文を参照．？は未同定の甲状腺ホルモン輸送体．（引用文献7-8をもとに作図）

からなる**血液脳脊髄液関門**である．毛細血管を流れる分子が自由に脳や脳脊髄液に入るのをこれらのバリアが防ぐので，脳は他の組織とは異なる微小環境で発生することになる．そして，この2種類のバリアと脳のさまざまな細胞での，甲状腺ホルモン輸送体と脱ヨウ素酵素の複合作用によって，特定の細胞内のT_3量を調節することができる．

　血液脳関門は脳への甲状腺ホルモン取り込みの主経路と考えられる．ニワトリ胚の脳全体で，毛細血管の内皮細胞は甲状腺ホルモン輸送体LAT1と脱ヨウ素酵素DIO2を発現する．DIO2の発現は発生過程で増加する．この場所でT_4からT_3へ活性化することが，十分な量のT_3を発生途上の神経細胞とグリア細胞に供給するために重要なのであろう．一方，血中の甲状腺ホルモンは脈絡叢からも脳に取り込まれる．脈絡叢には既知のすべての甲状腺ホルモン輸送体と大量のDIO3が発現している．DIO2とDIO1も発現しているが，量がずっと少ないので，脈絡叢の関門は発生初期に高レベルのT_3による曝露から脳を保護する上で重要なのであろう．神経細胞自体はおもにMCT8とDIO3を発現しており，T_3やT_4を取り込んで，おもにホルモンの不活性化による微調節を行うことができる．

　神経系の発生には，正しい細胞で正しい時期に甲状腺ホルモン応答遺伝子の活性化が起こることがとりわけ重要である．甲状腺ホルモンは，細胞の増殖，移動，分化の間の多くのスイッチを制御しており，このバランスは細胞内T_3レベルの微妙な変化によって保たれている．たとえばT_3は直接または間接的に特定の転写因子（SOX2など）の発現を促すことで網膜前駆細胞の増殖を刺激するが，T_3が閾値を超えて増加すれば，別の因子（SHHなど）を介して早期に分化のスイッチを入れてしまい，結果として網膜の神経細胞の数が減少してしまう．他の例として，小脳の発生過程でT_3レベルが低すぎると，外顆粒層から内顆粒層への顆粒細胞の移動が遅れ，プルキニエ細胞の樹状突起の発達が強く阻害される．その結果，神経回路が不可逆的に不完全なものになり，運動機能など小脳が制御しているプロセスに悪影響を及ぼす．

7.5.2　孵　化

早成性の鳥の孵化は血中甲状腺ホルモン濃度，とくに T_3 の明確なピークをともなっている（**図 7.6**）．T_4 や T_3 の投与，長時間作用型のコルチコステロン類似物質の投与といった血中 T_3 を増加させる操作は，ニワトリの孵化を促進する．逆に，甲状腺ホルモンの合成を阻害したり末梢組織の脱ヨウ素酵素をブロックして T_3 を利用できなくすれば孵化は遅れ，T_3 濃度が非常に低い場合は孵化が完全に阻害される．孵化の成功は卵黄嚢の退縮，漿尿膜から肺呼吸への転換，肺機能の成熟，卵殻内・外で鳴き始めることや，体温調節機能の発達など，異なるステップが組み合わさって起こる．これらすべてのステップを甲状腺ホルモンは促進していると思われる．晩成性の鳥の孵化にもある程度の量の甲状腺ホルモンが必要であるが，ピークを示すような高い濃度は必要ないことがわかっている．そこで，早成性の鳥の甲状腺ホルモンのピークは，おそらく体温調節の開始に対応したものと考えられる．これは晩成性の鳥の体温調節が，のちに甲状腺ホルモン濃度が成鳥のレベルに近づいてから起こることから推測される．

この節の内容についてさらに学びたい方は総説[7-6, 7-7]を参照されたい．

7.6　鳥類の発生初期の甲状腺ホルモンはどこから来るのか？

甲状腺ホルモンの働きは初期胚発生にとって間違いなく必要で，甲状腺ホルモンの受容体，輸送体，脱ヨウ素酵素は鳥類の孵卵の最初の数日から胚全体で機能している．胚の甲状腺は孵卵期間の約半分（晩成性の種ではもっと遅く）までは十分な量の甲状腺ホルモンを分泌しないと考えられるので，それまでは母鳥から供給される甲状腺ホルモンにほぼ完全に依存していることになる．哺乳類は胎盤を通じて母親から胚や胎児へホルモンの連続的な移行ができる．鳥類など哺乳類以外の脊椎動物は卵に母親由来のホルモンを大量に蓄えている．甲状腺ホルモン，ステロイドホルモンなどの疎水性ホルモンはおもに卵黄に蓄えられ，胚に取り込まれる．卵黄内の甲状腺ホルモンの T_4 / T_3 比は鳥類の種によって $2 \sim 10$ とさまざまである．

卵黄に蓄えられる甲状腺ホルモン量は，原則として母鳥の血中濃度と並行

して変化する．母鳥の甲状腺機能亢進時には増加し，機能低下時には減少する．しかし，甲状腺機能低下状態にされた雌ニワトリでは，卵黄の甲状腺ホルモン含量の低下が血中より遅く，あまり顕著でない．これは，卵黄への甲状腺ホルモンの移行を調節するしくみが母鳥の卵胞の細胞に存在することを意味する．また，野鳥は卵黄内の甲状腺ホルモンやステロイドホルモンの量を卵を産み落とす順に応じて変化させることが知られており，これはすべての卵を産み終わらないうちに抱卵を始める種において，発生を同期させる役割を果たす可能性がある．ウズラ卵にT_4を注射して含量を増加させると，胚の骨盤軟骨の分化と成長が促進されることが示されている．

7.7 今後の展望

鳥類の発生における甲状腺ホルモンの役割に関する研究は，とくにニワトリ，ウズラ，アヒルなど早成性の種において大きく進展してきたが，晩成性の種では遅れている．晩成性の鳥の中には，キンカチョウ（*Taeniopygia guttata*），カナリア（*Serinus canaria*），ハトなど，飼育下で十分に繁殖し，室内で研究可能なものもあれば，スズメ（*Passer montanus*），チョウゲンボウ（*Falco tinnunculus*），サギのように，野外研究が必要なものもある．早成性と晩成性の種の比較は，ある発生過程がどの程度甲状腺ホルモンに依存するのかを解明する上でおおいに参考になるだろう．自然環境下での鳥の研究も，温度，日長，餌の得やすさといった環境要因が甲状腺機能との相互作用を介して発生にどのように影響するのかを理解するために重要だろう．

ニワトリ胚は甲状腺ホルモンの役割を調べるよいモデルであるが，遺伝子発現を抑制する効果的な方法がないために，他のいくつかの脊椎動物モデル（ゼブラフィッシュ，マウスなど）と比べて分子レベルの研究が遅れていた．近年この状況は急速に改善されている．遺伝子ノックアウトは鳥類ではこれからの課題だが，RNA干渉によって標的遺伝子の発現をノックダウンすることができるようになった．これは脳はもとより，さまざまな組織の発生における甲状腺ホルモン作用の分子経路を解明する可能性を開いている．

7章 参考書

日本比較内分泌学会 編（1998）『甲状腺ホルモン』学会出版センター.

Scanes, C. G. ed. (2015) "Sturkie's Avian Physiology" 6th ed. Elsevier - Academic Press, London.

Starck, J. M., Ricklefs, R. E., eds. (1998) "Avian Growth and Development. Evolution Within the Altricial - Precocial Spectrum" Oxford University Press, New York.

鈴木光雄・松崎 茂 編（1980）『甲状腺学』共立出版.

7章 引用文献

7-1) Brent, G. A. (2012) J. Clin. Invest., **122**: 3035-3043.

7-2) Friesema, E. C. *et al.* (2005) Vitam. Horm., **70**: 137-167.

7-3) Gereben, B. *et al.* (2008) Cell. Mol. Life. Sci., **65**: 570-590.

7-4) Rahn, H. *et al.* (1979) Sci. Am., **240**: 38-47.

7-5) Ellestad, L. E. *et al.* (2011) Gen. Comp. Endocrinol., **171**: 82-93.

7-6) McNabb, F. M. (2007) Crit. Rev. Toxicol., **37**: 163-193.

7-7) Darras, V. M. *et al.* (2015) Biochim. Biophys. Acta, **1849**: 130-141.

7-8) Van Herck, S. L. J. *et al.* (2015) Gen. Comp. Endocrinol., **214**: 30-39.

第2部 リズム

　第2部では，系統進化的な「時」の視点から見た「リズムとホルモン」に焦点をあてる．
　動物には，昼間に活動して夜間に休息するなどの1日単位のリズム（日周リズム）がある．この日周リズムの発現には，動物の体内に存在する時計（体内時計）が強く関わっているが，おもにモデル生物を用いてその分子機構が急速に解明されてきた．また，動物には一年の特定の時期に生殖腺が発達して繁殖行動をする季節繁殖と呼ばれる1年単位のリズム（概年リズム）も存在する．概年リズムの成立には，季節の情報を感知するメカニズムが必要である．季節を知るための環境要因としては，日長（一日のなかの昼間の時間）が最も適している．日長の情報は視覚系でとらえられ，メラトニンというホルモン情報に変換されて体の各部に作用することが多い．最近，鳥類と魚類では，これまで知られていた眼や松果体の他にも光を感知する器官が発見され，概年リズムの観点から注目を集めている．動物のリズムに関わるこれらの興味深い生命現象におけるホルモンの役割について，最新の知見も交えて紹介する．

8. 概日リズム・時計遺伝子とホルモン

飯郷雅之

　「ホルモンの機能は？」という質問をぶつけると，「ホメオスタシス（恒常性）の維持にホルモンは関与している」，あるいは「ホルモンという化学伝達物質を用いた生体内の情報伝達系である」という答えが返ってくることが多い．しかしながら，行動・生理・代謝などのあらゆる生体機能はすべて，体内時計（生物時計）の支配を受けている．体内時計はすべての生体機能の基盤に位置するもので，体内時計の理解なくして生物の機能は理解できないと言える．本章では，約1日を周期としたリズム（概日リズム）を制御する体内時計，時計遺伝子とホルモンの関係について解説する．

8.1　日周リズム，概日リズムと体内時計

　さまざまな動物の活動には日周リズムが見られる．たとえば，ヒト（*Homo sapiens*）は昼間に活動し，夜間に眠る昼行性の動物である．ヒトの体温は明け方に最低値を示した後，目覚める前に上昇を始め，午後に最高値を示す．そして徐々に低下していく．逆に，マウス（*Mus musculus*）は夜間に活動量が増加し，昼間に低下する夜行性の動物である．行動量や体温以外にも，血圧，さまざまな酵素の活性やホルモン分泌にも日周リズムは見られる[8-1〜8-4]．ヒトの場合，**松果体**から分泌される**メラトニン**，下垂体前葉から分泌される成長ホルモン，プロラクチン，甲状腺刺激ホルモン，甲状腺から分泌される3,3′,5-トリヨードチロニン，副腎皮質から分泌されるグルココルチコイド（**コルチゾル，コルチコステロン**），膵臓のランゲルハンス島から分泌されるインスリン，脂肪細胞から分泌されるレプチン，アディポネクチンなどが日周リズムを示すことが知られている（**表8.1**）[8-3]．では，このようなリズムは動物の体の中でどのように制御されているのだろうか．

8.1 日周リズム，概日リズムと体内時計

表 8.1　血中濃度が日周リズムを示すヒトのホルモン

内分泌腺	ホルモン	ピーク時刻
松果体	メラトニン	夜間
下垂体前葉	成長ホルモン	夜間
	プロラクチン	2時
	甲状腺刺激ホルモン	1－2時
甲状腺	3,3',5-トリヨードチロニン	2時30分－3時30分
副腎皮質	コルチゾル	7－8時
膵臓	インスリン	17時
脂肪細胞	レプチン	1時
	アディポネクチン	12－14時

　地球は約24時間の周期で自転している．地球上に作り出された昼夜の交代に対する適応として日周リズムは獲得されたに違いない．環境の変化に応答して日周リズムが作り出されているのかというと，必ずしもそうではない．明暗条件や温度などの時刻を知るための手がかりのない恒常環境，たとえば真っ暗で温度が一定の環境に置かれても生物の行動やメラトニンやコルチコ

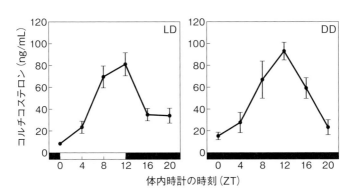

図 8.1　ホルモンの日周リズムと概日リズム
マウス（CBA/N系統）を明暗条件（LD）下で飼育した後，恒暗条件（DD）に光条件を変更した．4時間ごとに別々の個体から採血し，ラジオイムノアッセイによりコルチコステロン血中濃度を測定した．横軸の体内時計の時刻（ZT）は，点灯時刻がZT0，消灯時刻がZT12として表される．明暗条件下で見られる日周リズム（左）は，恒暗条件下（2サイクル目）でフリーランし概日リズム（右）を示した．（引用文献8-2のデータから作成）

ステロンの血中濃度は 24 時間から少し離れた周期で続いていく（口絵II-8章, 図8.1）．このような内因性のリズムは**概日リズム**（サーカディアンリズム）と呼ばれる．このときのリズムの周期は 24 時間ちょうどではなく，約 24 時間であることから，ラテン語の「circa」（約）と「dies」（日）を組み合わせて「サーカディアン」という言葉はつくられた．概日リズムを制御する生体内の時計（計時機構）が**体内時計**であり，概日時計とも呼ばれている．

8.2 概日リズムの性質

　概日リズムには，生物種を越えたさまざまな共通の性質がある．
(1) 自由継続性：体内時計の時刻合わせに関与する環境因子（同調因子）の存在しない環境におかれるとリズムが 24 時間から少しずれた周期で続いていく（フリーランする）．
(2) 同調性：明暗など同調因子（体内時計をリセットできる刺激）の 24 時間周期の刺激により 24 時間リズムに同調される．
(3) 位相反応性：フリーランしている状態で同調因子による短時間の刺激を加えると，体内時計の時刻に応じてリズムの位相が前進，あるいは後退し，リズムの位相に応じた位相変位を起こす．
(4) 温度補償性：温度が変化しても周期が大きく変化しない（10℃温度が変化したときの反応速度の変化の比率を表す Q10 が 1 に近い）．
(5) 生得性：体内時計は時計遺伝子（8.4 節）に支配された生得の生物機能であり，生まれた後に生物が経験する明暗に応じて獲得されるものではない．

　体内時計は 3 つの機能単位，すなわち，体内時計への入力系，体内時計本体，体内時計からの出力系に分けて捉えることができる（図 8.2）．体内時計への入力系として最も重要な役割を果たしているのが，網膜や松果体などに存在する光受容細胞からの光情報入力系である．他の入力系としては，温度や社会的要因（ヒトの場合，他人との周期的な接触）などが知られている．体内時計本体の時刻発振機構は，時計遺伝子の発見と機能解析により進展してきた．また，出力系としては，さまざまな概日リズムを示す生理機能や行動が挙げられる．

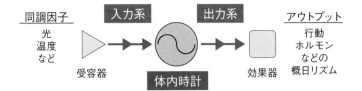

図 8.2 体内時計の 3 つの機能単位
体内時計への入力系，体内時計本体，体内時計からの出力系の三者から体内時計は構成されている．光，温度等が体内時計の同調因子として働く．体内時計からのアウトプットは，行動，ホルモン分泌など，さまざまな生体機能の概日リズムである．

8.3　概日リズムを制御する体内時計の局在同定にホルモンが果たした役割

　概日リズムを制御する体内時計はどこにあるのだろうか？　3つの機能単位の構造から考えると，体内時計の候補部位を破壊して下流の出力系を測定し，概日リズムが消失すれば，その候補部位が体内時計そのもの，もしくは出力系に関与していることになる．さらに，概日リズムの消失した個体に体内時計の候補部位を移植して概日リズムが回復すれば，体内時計の局在が証明されたことになる．この考え方は，古典的な内分泌の実験で内分泌腺の除去手術を行い機能が消失したことを確認した後に，器官の移植やホルモン投与実験により生理機能の回復を確かめることにより内分泌腺の機能を証明するのと同じである．

　哺乳類の体内時計は，**視交叉上核**（suprachiasmatic nucleus：SCN）と呼ばれる視床下部の神経細胞の集団に存在することが1972年に明らかにされた．ズッカー（Irvine Zucker）らは飲水行動と自発行動を指標に，ムーア（Robert Y. Moore）らはコルチコステロン血中濃度を指標として，ラット（*Rattus norvegicus*）のSCNを破壊すると概日リズムが消失することを見いだした．その後，SCNの2-デオキシグルコースの取り込みや，電気活動に概日リズムが存在することが報告された．最終的にはSCN除去により輪回し行動の概日リズムが消失したラットに，新生児のSCNを移植すると概日リズムが回復することが明らかになり，哺乳類のSCNに行動を制御する概

8章 概日リズム・時計遺伝子とホルモン

日時計が局在することが証明された.

鳥類では，メネカー（Mike Manaker）らの一連の実験から，松果体に体内時計が存在することが明らかになった．彼らは，イエスズメ（*Passer domesticus*）の松果体を除去すると行動の概日リズムが消失することを1968年に報告し，松果体に体内時計が存在すると考えた．その後，明暗条件を逆転させて行動のリズムを同調させたイエスズメから松果体の交換移植実験を行い，松果体のドナー（提供側）のリズムがレシピエント（受入側）の行動リズムを制御することを1979年に報告した．ちょうどこの頃，出口はニワトリ（*Gallus gallus domesticus*）を対象に松果体の細胞培養を行い，メラトニン合成酵素であるアリルアルキルアミン N-アセチルトランスフェラーゼ（AANAT；セロトニン N-アセチルトランスフェラーゼとも言われる）の活性が概日リズムを示すことを報告し，個々の松果体細胞が体内時計機能をもつことを示した．タカハシ（Joseph S. Takahashi），メネカーらは「灌流培養装置」を用いて，培養液中に分泌されたメラトニンを連続的に測定することによりニワトリやアノールトカゲ（*Anolis carolinensis*）の個々の松果体からのメラトニン分泌の概日リズムを測定することに成功した．同様の手法により，魚類の松果体に体内時計が存在することも明らかになった（コラム8.1参照）．

網膜に体内時計が存在することは，網膜のAANAT活性測定によりニワトリで明らかにされた．灌流培養系を用いたメラトニン測定によりアフリカツメガエル（*Xenopus laevis*）の網膜にも体内時計が存在することが示された．その後，多くの脊椎動物の網膜に体内時計が存在することがメラトニンを指標に示された．

このようにして，行動，コルチコステロン，メラトニンを指標として，脊椎動物の体内時計は，SCN，松果体，網膜に局在することが示された．

8.4 脊椎動物の時計遺伝子探索

体内時計はどのような遺伝子に制御されているのだろうか．体内時計が「時計遺伝子」によって制御されていることが明らかになったのは，キイロ

8.4 脊椎動物の時計遺伝子探索

ショウジョウバエ (*Drosophila melanogaster*) の遺伝子座 *period* (*per*) が1971年に報告されたときであった．*Per* 遺伝子の突然変異によって，行動リズムのフリーランリズムの周期が長くなったり，短くなったり，消失したりすることがわかった．続いて，アカパンカビ (*Neurospora crassa*) で1973年に *frequency* (*frq*) 変異体が報告された．ショウジョウバエの *per* 遺伝子は1984年に，アカパンカビの *frq* 遺伝子は1989年にクローニングされたが，脊椎動物の時計遺伝子に関する進展はなかった．

脊椎動物の体内時計の分子機構が進展したきっかけは，1988年にゴールデンハムスター (*Mesocricetus auratus*) の輪回し行動のサーカディアンリズムの周期が短くなる *Tau* 変異体 (tau は体内時計の周期を表す専門用語) がメネカーらにより偶然発見され，脊椎動物の体内時計の周期が遺伝子の単一遺伝子座の突然変異で変わることが明らかになったことである．一方，タカハシらはマウスに変異原 (遺伝子の突然変異を誘発する化学物質) を用いた突然変異誘発を行い，輪回し行動の概日リズムを測定した．その結果，恒暗条件下で次第に周期が延長し，最終的にリズムが消失する変異体を発見し，*Clock* と名づけた．その後，マウスの *Clock* 遺伝子は1997年に塩基配列が決定され，塩基性ヘリックス - ループ - ヘリックス (bHLH) -Per-Arnt-Sim (PAS) 型の転写因子をコードしていることが明らかにされた．bHLH は DNA に結合する部位であり，PAS ドメインはタンパク質の二量体形成に関与する部位である．体内時計を失った変異体マウスに *Clock* 遺伝子を導入すると，体内時計機能は回復することも示され，*Clock* は脊椎動物で同定された最初の時計遺伝子となった．同年，マウスの *Period1* (*Per1*) も程ら (1997)[8-5] により同定され，脊椎動物の体内時計研究は時計遺伝子解析の時代に突入した．ゲノムプロジェクトが進んでいたこともあって，*Per2*, *Per3* 遺伝子も続いて発見された．

さらに時計遺伝子の発見は続く．池田らがクローニングした *Brain and muscle arnt-like protein-like1* (*Bmal1*) 遺伝子の産物 Bmal1 タンパク質が Clock タンパク質と二量体を形成し，*Per1* 遺伝子のプロモータ領域に存在する E-box と呼ばれる応答配列 (典型的な塩基配列は CACGTG) に結合し

て *Per1* 遺伝子の転写を促進することが 1998 年に明らかになった．さらに，1999 年には *Cryptochrome*（*Cry*）遺伝子のノックアウトマウスの解析から *Cry1*，*Cry2* が時計遺伝子として機能することがわかった．また，2000 年にはハムスターの *Tau* 変異体は，Per タンパク質をリン酸化するカゼインキナーゼ Iε をコードする *Csnk1e* 遺伝子の突然変異であることがタカハシらにより明らかにされた．ここに至って，体内時計を支配する時計遺伝子群の全体像が見えてきた．

8.5 時計遺伝子による体内時計の制御

表 8.2 に脊椎動物（マウス）のおもな時計遺伝子をまとめた．「コアループ」と呼ばれる転写-翻訳ネガティブフィードバックループは，*Clock* および *Bmal1* 遺伝子群からなるポジティブ因子群（転写を活性化するタンパク質をコードする遺伝子群）と，*Per* および *Cry* 遺伝子群からなるネガティブ因子群（活性化された転写を抑制するタンパク質をコードする遺伝子群）から構成されている（図 8.3）．

Clock タンパク質と Bmal1 タンパク質はヘテロ二量体を形成し，*Per* および *Cry* 遺伝子群のプロモータ領域に存在する E-box に結合し，これらの遺伝子群の転写を促進することにより体内時計のサイクルが回り始める．明暗条件下では明期の前半，恒暗条件下では主観的明期（昼間に相当する時間帯）の前半に *Per* および *Cry* 遺伝子群の mRNA 量はピークを示す．mRNA は細胞質でタンパク質に翻訳される．Per タンパク質や Cry タンパク質の蓄積量が少量のうちには，Per タンパク質はカゼインキナーゼ Iε によりリン酸化され，ユビキチン化されてプロテアソームに運搬され分解される．一方の Cry タンパク質も，F ボックス型ユビキチンリガーゼである FBXL3 によりユビキチン化されてプロテアソームに運搬され分解される．Per および Cry タンパク質の蓄積量が最大になるのは，明暗条件下では明期から暗期に入る頃，恒暗条件下では主観的明期からに主観的暗期に入る頃である．Per タンパク質と Cry タンパク質が多量に蓄積すると，Per タンパク質と Cry タンパク質をおもな構成要素とする複合体が形成され，Cry タンパク質がもつ核

8.5 時計遺伝子による体内時計の制御

表 8.2 マウスのおもな時計遺伝子

カテゴリー	遺伝子名	慣用名	分子構造	機能
コアループの転写調節	Clock		bHLH, PAS, Q-rich ドメイン	Clock/Bmal複合体を形成し、E-boxを介して転写活性化
	Npas2		bHLH, PAS, Q-rich ドメイン	Clockのパラログ
	Arntl	Bmal1	bHLH, PAS ドメイン	Clock/Bmal複合体を形成し、E-boxを介して転写活性化
	Arntl2	Bmal2	bHLH, PAS ドメイン	Bmal1のパラログ
	Per1		PAS ドメイン	Clock/Bmal複合体による転写活性化の抑制
	Per2		PAS ドメイン	Clock/Bmal複合体による転写活性化の抑制
	Per3		PAS ドメイン	Clock/Bmal複合体による転写活性化の抑制
	Cry1		フラボタンパク質、光回復酵素ホモログ	Clock/Bmal複合体による転写活性化の抑制
	Cry2		フラボタンパク質、光回復酵素ホモログ	Clock/Bmal複合体による転写活性化の抑制
インターロックループの転写調節	Bhlhe40	Dec1	bHLH, Orange ドメイン	Clock/Bmal複合体による転写活性化の抑制
	Bhlhe41	Dec2	bHLH, Orange ドメイン	Clock/Bmal複合体による転写活性化の抑制
	Dbp		PAR-bZIP	D-boxを介した転写活性化
	Tef		PAR-bZIP	D-boxを介した転写活性化
	Hlf		PAR-bZIP	D-boxを介した転写活性化
	Nfil3	E4bp4	bZIP	D-boxを介した転写抑制
	Nr1f1	Rora	オーファン核内受容体	ROREを介した転写活性化
	Nr1d1	Rev-erba	オーファン核内受容体	ROREを介した転写抑制
時計タンパク質の分解調節	Csnk1e		カゼインキナーゼ	Perタンパク質をリン酸化して分解促進
	Fbxl3		Fボックス型ユビキチンリガーゼ	Cryタンパク質をユビキチン化して分解促進
	Fbxl21		Fボックス型ユビキチンリガーゼ	Cryタンパク質をユビキチン化して安定化

8章 概日リズム・時計遺伝子とホルモン

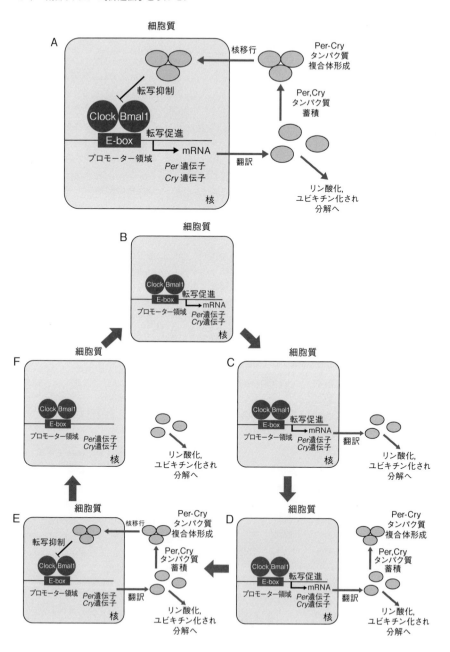

移行シグナルの働きにより複合体は核に移動する．複合体は Clock タンパク質と Bmal1 タンパク質のヘテロ二量体に結合し，E-box を介した転写活性化を抑制する．その結果，*Per* および *Cry* 遺伝子群の mRNA 量は減少，タンパク質量も減少することにより核移行が減少し，Per-Cry タンパク質複合体による転写抑制が解除される．これにより再び転写が活性化し，新しいサイクルが回り始める．

「コアループ」が 1 サイクル回るために必要な時間は約 24 時間である．マウスの *Clock* 変異体のリズムが消失するのはコアループを活性化できないためである．一方，ゴールデンハムスターの *Tau* 変異体のサーカディアンリズムの周期が短くなるのは，Per タンパク質がリン酸化されて分解経路に運ばれなくなるために早い時間帯に蓄積し，複合体形成と Per-Cry タンパク質複合体による転写抑制のタイミングが早くなるためである．

「コアループ」に加えて，さまざまな時計遺伝子からなるループが複数存在して互いに影響しあい，体内時計の分子機構は精密に時刻情報を発振するように作られている．また，時計遺伝子以外にも遺伝子のプロモータ配列に体内時計の応答配列をもつ遺伝子は多くある．このような遺伝子群は時計制御遺伝子 (clock-controlled gene) 群と呼ばれる．ホルモン関連では，バソプレッシン遺伝子やプロラクチン遺伝子，メラトニン合成を制御する *aanat* 遺伝子のプロモータ領域などに E-box が存在し，バソプレッシン，プロラクチンやメラトニンの概日リズムが制御されている．

図 8.3 体内時計を制御する時計遺伝子群の「コアループ」
A：転写-翻訳ネガティブフィードバックループの全体像．
B：Clock タンパク質と Bmal1 タンパク質はヘテロ二量体を形成し，*Per* および *Cry* 遺伝子群のプロモータ領域に存在する E-box に結合し，これらの遺伝子群の転写を促進することにより体内時計のサイクルが回り始める．
C：翻訳された Per タンパク質や Cry タンパク質の蓄積量が少量のうちには，リン酸化，ユビキチン化されて分解される．
D：Per タンパク質と Cry タンパク質が多量に蓄積すると，タンパク質複合体が形成される．
E：複合体は核に移行する．複合体は Clock タンパク質と Bmal1 タンパク質のヘテロ二量体に結合し，E-box を介した転写活性化を抑制する．
F：Per-Cry タンパク質が分解されて減少し，転写抑制が解除され，B に戻る．

8.6 末梢時計の発見

哺乳類の行動を制御する体内時計の中枢は SCN に存在するため，末梢器官におけるリズムの発現は SCN 依存性のリズムだと考えられていた．しかし，時計遺伝子が末梢器官にもリズミックに発現すること，高濃度血清，ホルモン，セカンドメッセンジャーによる刺激により培養細胞株で時計遺伝子発現の概日リズムが誘起されることがわかり，末梢時計に関する研究は急速に進展した．哺乳類の松果体，下垂体，膵臓などの内分泌腺にも体内時計が存在することが判明している．また，ゼブラフィッシュの心臓，腎臓，皮膚などの末梢器官には光応答性の体内時計が存在することが報告された．この末梢器官に存在する光受容体の正体はまだわかっていない．

8.7 ホルモンによる体内時計の制御

ラットでは，メラトニンを投与すると，SCN に存在するメラトニン受容体を介して体内時計の位相変位が引き起こされる．主観的明期後半のメラトニン投与は位相前進を引き起こすが，他の時間帯では効果がない．また，メラトニンの定時投与を繰り返すと，フリーランしているラットなどの行動の概日リズムが 24 時間周期に同調される．体内時計の制御により合成されたメラトニンはフィードバックして体内時計を同調するホルモンであるといえる．このメラトニンによるフィードバックループは，時計遺伝子群からなる転写-翻訳フィードバックループをさらに外側から安定させるものである．

哺乳類の体内時計中枢である SCN の制御を受けて合成される副腎皮質由来のグルココルチコイドは，*Per1* 遺伝子のプロモータに存在するグルココルチコイド応答配列（グルココルチコイド受容体が転写調節を行う際に結合する DNA 配列）を介して *Per1* の転写を促進し，ほとんどすべての末梢器官の体内時計をリセットする強力な同調因子であることが知られている．よって，副腎皮質のグルココルチコイドは，SCN からの時刻情報を全身に伝えるメッセンジャーとして機能しているといえる．

8.8　松果体のメラトニン合成を制御する体内時計の比較生物学

　松果体におけるメラトニン合成は，明暗条件下では暗期に高く，明期に低い日周リズムを示す．メラトニン合成亢進時間の長さは，夜の長い短日条件下の方が夜の短い長日条件下よりも長い．暗期に光照射を行うとメラトニン合成は急激に低下する．恒明条件下ではメラトニン合成の亢進は見られず，低い値を維持する．これらのことから，メラトニンは光と関連が深いホルモンであることがわかる．恒暗条件下では，多くの種で体内時計に支配された概日リズムを示す．これらのメラトニン合成の制御はおもに AANAT の酵素活性調節（転写レベルの制御とタンパク質の分解制御）により行われている．

　松果体のメラトニン合成細胞の構造を見ると，魚類の松果体は網膜の錐体のような光受容細胞をもち，層板状の構造をもつ外節（光受容タンパク質であるオプシンの局在部位）が発達しているが，鳥類では外節が退化し「modified photoreceptor」に変化している．哺乳類の松果体細胞では外節の部分は退縮している．松果体のメラトニン合成細胞の進化適応は，ダイナミックな環境に適応する体内時計の適応の多様性をあらわしているといえよう．

　メラトニン合成を制御する光受容体と体内時計の局在部位は，脊椎動物が進化適応する過程で大きく変化した（**図 8.4**）．光感受性の松果体をもつヤツメウナギ類や硬骨魚類では，光受容体（光入力系），体内時計，メラトニン合成系（出力系）の三者を併せもつ個々の光受容細胞で，メラトニンの合成制御は完結する．一方，進化適応の過程で松果体が光受容能を失った哺乳類では，松果体におけるメラトニン合成を制御する光受容体は網膜に，体内時計は SCN に局在する．網膜において受容された光情報は，網膜-視床下部神経路を経て直接 SCN に存在する体内時計を光同調する．SCN からの時刻情報は，室傍核，上頸神経節を経て松果体に交感神経として入力する．神経終末から放出されたノルアドレナリンはおもに β 受容体を刺激して AANAT 活性を上昇させ，メラトニン合成が促進される．ニワトリなど鳥類の松果体は，魚類と同様に，光受容体，体内時計，メラトニン合成系を併せもつが，哺乳類と似た神経支配もみられる．

8章 概日リズム・時計遺伝子とホルモン

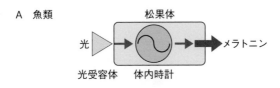

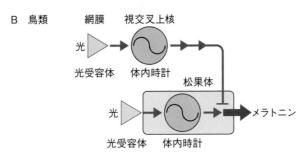

図 8.4 脊椎動物の進化適応にともなうメラトニン合成を制御する光受容体と体内時計の局在部位の変化
魚類の松果体（A）は，光受容体，体内時計，メラトニン合成系の三者を併せもち，松果体内でメラトニン合成の体内時計による調節は完結する．哺乳類（C）の場合，光受容体は網膜に，体内時計は視交叉上核に，メラトニン合成系は松果体に局在し，機能が分化している．鳥類（B）は魚類と哺乳類のシステムを併せもつ．

8.9 体内時計による魚類松果体からのメラトニン分泌リズム制御の比較内分泌学

魚類の培養松果体からのメラトニン分泌リズムが最初に報告されたのは，ニジマス（*Oncorhynchus mykiss*）であった[8-6]．メラトニン分泌は恒暗条件下で常に亢進して高い値を示し，恒明条件下では抑制されていた．その後，

8.9 体内時計による魚類松果体からのメラトニン分泌リズム制御の比較内分泌学

キンギョ (*Carassius auratus*), ノーザンパイク (*Esox lucius*) など多くの魚種で松果体からのメラトニン分泌リズムが報告され，ニジマスが例外的に恒暗条件下でメラトニン分泌の概日リズムを示さないことがわかった[8-7, 8-8]．他のサケの仲間の松果体からのメラトニン分泌リズムも同様に体内時計による制御を欠くのであろうか？

この疑問に答えるため，さまざまなサケ目魚類の松果体を灌流培養し，メラトニン分泌リズムが測定された．サクラマス (*O. masou*) からは，ニジマスと同様の結果が得られた．さらに網羅的に調べるために，サケ目のシナノユキマス (*Coregonus lavaretus*), グレイリング (*Thymallus thymallus*), ブラウントラウト (*Salmo trutta*), イトウ (*Parahucho perryi*), カワマス (*Salvelinus fontinalis*), イワナ (*S. leucomaenis*), ベニザケ (*O. nerka*), サケ (*O. keta*), キュウリウオ目のアユ (*Plecoglossus altivelis*) とワカサギ (*Hypomesus nipponensis*) が外群として用いられた[8-9]．その結果，サケ目魚類の松果体からのメラトニン分泌はすべて体内時計による制御を欠き，恒暗条件下で常に亢進するのに対して，キュウリウオ目のアユとワカサギの松果体からのメラトニン分泌は恒暗条件下で概日リズムを示した (図8.5)．これら結果と魚類の系統との関係[8-10]を考え合わせると，サケ目魚類は，ノーザンパイクの属するカワカマス目の魚類と分化した約1億1,000万年前からサケ目魚類の分化が進んだ約5,500万年前の間に変異が起こり，松果体からのメラトニン分泌の体内時計による制御を失ったものと考えられる (図8.6)．

サケ目魚類においても，遊泳活動や摂餌活動には概日リズムが見られるので，全身で体内時計機能を失ったわけではない．サケ目魚類は進化適応の過程で，生活圏を淡水から海水へ，沿岸から北洋へ回遊範囲を拡大することに成功したグループである．メラトニンは一般的に神経活動を抑制するホルモンである．北洋の極端な日長変化に適応するためには，松果体からのメラトニン分泌が，体内時計による制御を受けていない方が都合が良いのかもしれない．今後の研究の進展により，サケ目魚類の松果体からのメラトニン分泌の謎が解き明かされることが期待される．

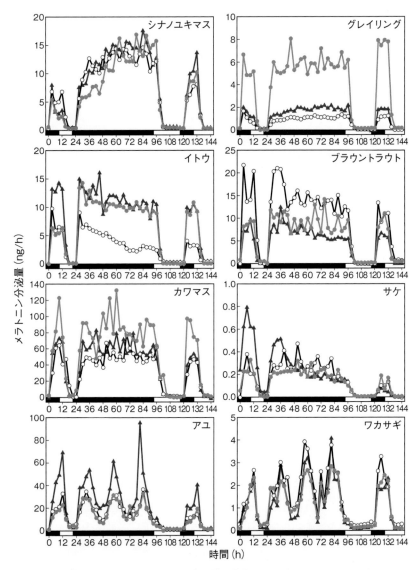

図 8.5　サケ目魚類とキュウリウオ目魚類の培養松果体からのメラトニン分泌リズム
　すべての魚種において，明暗条件におけるメラトニン分泌量は暗期に高く，明期に低い日周リズムを示した．しかしながら，恒暗条件下においては，サケ目魚類の松果体からのメラトニン分泌は常に亢進して高い値を示し，概日リズムは見られなかった．一方，キュウリウオ目魚類においては，恒暗条件下では顕著な概日リズムが見られた．
　縦軸は1時間あたりのメラトニン分泌量，横軸の黒バーは暗期を，白バーは明期を表す．それぞれの種，3個体分のデータを示す．（引用文献 8-9 より生データをプロットして作成）

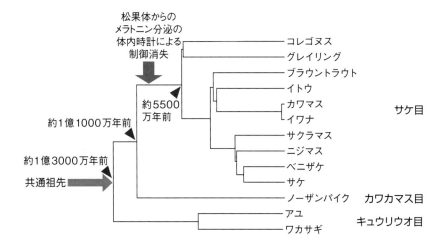

図 8.6　サケ目，カワカマス目，キュウリウオ目の分化とメラトニン分泌の概日リズムによる制御との関連
系統樹は，ミトコンドリア DNA 全長の塩基配列を ClustalW アライメントし，分子系統解析ソフトウェア MAGA7 により近隣接合法により作成した分子系統樹である（分類年代の推定は引用文献 8-10 による）．恒暗条件下において，キュウリウオ目，カワカマス目の松果体からのメラトニン分泌は体内時計に制御された概日リズムを示すのに対して，サケ目魚類の松果体からのメラトニン分泌は概日リズムを示さないことから，カワカマス目魚類とサケ目魚類が分化した約 1 億 1000 万年前から約 5500 万年前のサケ目魚類の分化開始の間に，松果体からのメラトニン分泌の体内時計による制御の消失が起こったと考えられる．

8.10　今後の展望

「体内時計はすべての生体機能の基盤に位置するもので，体内時計の理解なくして生物の機能は理解できない」と本章の冒頭で述べた．体内時計の進化適応に関して比較生物学的理解を進めることは，私たちヒトという生物の理解にも直結するものであり，ヒトの病態に関わるホルモンと体内時計の関連が近年になって明らかになりつつある．

　体内時計に関与する遺伝子の変異がさまざまな病気のリスク因子になることがわかってきた．ヒトのメラトニン受容体 1B (*MTNR1B*) 遺伝子のある

一塩基突然変異（SNP）は，血糖値，血中インスリン濃度と2型糖尿病のリスクと連鎖している[8-11, 8-12]．*Clock* 変異マウスは肥満となり，メタボリック症候群を発症する[8-13]．*Bmal1* ノックアウトマウスは老化が早く，寿命が短い[8-14]．時計遺伝子である *Cry1* と *Cry2* の双方の機能を欠損させたダブルノックアウトマウスでは，生体リズム異常により食塩依存的にアルドステロンの過剰分泌が起こり，高血圧が引き起こされるという[8-15]．

24時間型社会となった現代においては，交代勤務が原因で日本国内にいても時差症候群（時差ボケ）となることもある．ヒトが体内時計を活用して脳と身体を休めるべき時間帯である夜間にも光が満ちあふれ，24時間営業のコンビニエンスストアや，パソコン，携帯電話，テレビゲームなどによって，夜間に不用意に光を浴びてしまうことも多くなっている．体内時計や概日リズムの異常はさまざまな生活習慣病と関連しているものと思われる．概日リズム・時計遺伝子とホルモンの新たな連関が発見され，体内時計に関する理解がさらに進んでいくものと期待される．

コラム 8.1
サンプリングの自動化と測定の自動化

動物の行動リズムを測定するには，たとえば対象がマウスならば，輪回し装置にイベントレコーダーという記録装置をつないで記録することが古くから行われていた．しかし，対象がホルモンとなるとそうはいかない．一定時間ごとに生物から試料を採取してリズムを調べるためには，研究者は自らの体内時計を犠牲にして対象生物の試料を採取しなければならないのである．4時間ごとの24時間サンプリングであれば少しは眠ることができるが，3時間ごとのサンプリングになると，ほぼ徹夜の状態となる．どのようにすれば体内時計に支配されたホルモン濃度の変化を楽に測れるのだろうか．

筆者が卒業論文研究を開始し，キンギョの松果体を培養し，メラトニンの測定により体内時計の研究分野に足を踏み入れたとき，指導教官であった會田勝美先生が見せて下さった博士論文に載っていたのが「灌流培養装置」（図

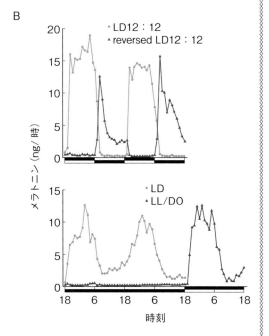

図 8.7 灌流培養装置（A）と灌流培養されたキンギョ松果体からの恒暗条件下でのメラトニン分泌リズム（B）
長期にわたるサンプリングを自動化するため灌流培養装置を作製し，個々のキンギョ松果体から1時間ごとに培養液を回収し，メラトニン分泌量を測定した．明暗，逆転した明暗条件，恒暗，および恒暗から恒明条件に移行したときのメラトニン分泌リズムを調べた結果が示されている．メラトニン分泌リズムの図は手描きで，1枚描くのに失敗を繰り返して1週間かかることもあった．コンピュータの描画ソフトが進歩したため，最近では手描きで図を作成することはなくなった．（引用文献8-7のデータから作成）

8.7）であった．松果体を入れるための培養チャンバーを使い捨ての注射筒と注射針を使って作製し，研究室にあったポンプを使って培養液を送液し，培養液を回収するチューブを4時間ごとに回収して，培養液中のメラトニンを測定した．この予備実験がうまくいったので，培養液を一定時間ごとに別のチューブに自動で回収してくれるフラクションコレクターを購入してもらうことができた（1988年当時の価格で30万円ほど）．さらに手作りで複数サンプルが回収できるように改造を加え，効率的に研究を進めることができるようになった．

1997年の時計遺伝子の発見により，脊椎動物の体内時計研究は分子生物学の時代に突入した．時計遺伝子に発現が制御されるように操作したルシフェラーゼ遺伝子を細胞に導入し，ルシフェリンを培養液に加えて，光電子増幅管や高感度冷却CCDカメラで発光を測定することにより体内時計に制御される遺伝子の発現リズムが長期にわたって測定できるようになった（図8.8）．自らの体内時計を犠牲にしてホルモン測定用の試料を採取しなくても，体内時計に支配される概日リズムがリアルタイムで長期連続測定ができる時代がやってきたのである．

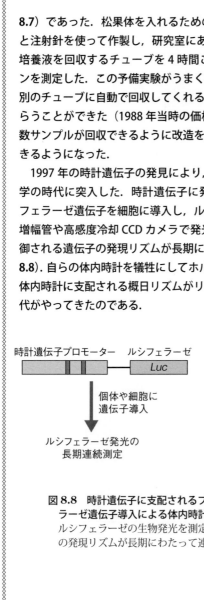
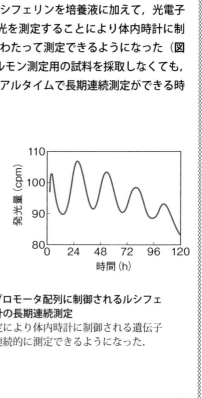

図8.8 時計遺伝子に支配されるプロモータ配列に制御されるルシフェラーゼ遺伝子導入による体内時計の長期連続測定
ルシフェラーゼの生物発光を測定により体内時計に制御される遺伝子の発現リズムが長期にわたって連続的に測定できるようになった．

コラム 8.2
ホルモン測定用試料の「痛くない」採取法

ヒトの血中ホルモン濃度の変化を調べようとすると，採血をしなければならない．体温測定は痛くない（専門用語では「非侵襲的」であると言う）から良いが，採血は痛い（「侵襲的」である）からあまりしたくない．ではどうすれば良いのだろう？

メラトニンやコルチゾルなどのホルモンは脂溶性のホルモンである．これらのホルモンは合成された後，細胞膜を自由に通過して生体内に拡散していく．唾液の中にもこれらのホルモンは拡散してくるので，唾液を採取してホルモンを測定すれば良いのである．ヒトの唾液を大型の綿棒で採集して遠心分離し，メラトニンやコルチゾルを測定すると，きれいな日周リズムを観察できる（図 8.9）．臨床治験研究では，新生児集中治療室に入院中の新生児の唾液からもコルチゾルの日周リズムを測定することができた．

もう1つの方法は，尿を採取してホルモンを測定する方法である．メラトニンや多くのステロイドホルモンは肝臓で代謝され，尿中に排出される．たとえば，メラトニンは水酸化され6-ヒドロキシメラトニンになった後，硫酸抱合体である6-スルファトキシメラトニンとして排出される．尿を一定時間ごとに集めてこれらの物質の濃度をラジオイムノアッセイ，高速液体クロマトグラフィー-質量分析計などにより測定すれば，メラトニンやコルチゾルの日周リズムを間接的に知ることができる．

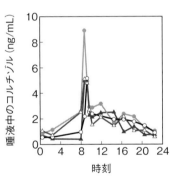

図 8.9 ヒトの唾液中コルチゾル濃度の日周リズム
日常生活を送っている健常人の唾液を採取し，ラジオイムノアッセイにより唾液中コルチゾル濃度を測定した．4名の唾液中コルチゾル濃度が示されている．唾液中コルチゾル濃度は朝9時頃にピークを示した．

8章 概日リズム・時計遺伝子とホルモン

8章 参考書

海老原史樹文・深田吉孝 編（1999）『生物時計の分子生物学』シュプリンガー・フェアラーク東京．

石田直理雄・本間研一 編（2008）『時間生物学事典』朝倉書店．

Klein, D.C. *et al.* eds., (1991) "Suprachiasmatic Nucleus The Mind's Clock" Oxford University Press, New York.

日本比較内分泌学会 編（2007）『ホルモンハンドブック新訂 eBook 版』南江堂．

岡村 均・深田吉孝 編（2004）『時計遺伝子の分子生物学』シュプリンガー・フェアラーク東京．

8章 引用文献

8-1) Nakahara, D. *et al.* (2003) Proc. Natl. Acad. Sci., USA, **100**: 9584-9589.

8-2) Minami, Y. *et al.* (2009) Proc. Natl. Acad. Sci., USA, **106**: 9890-9895.

8-3) Gamble, K. L. *et al.* (2014) Nat. Rev. Endocrinol., **10**: 466-475.

8-4) 飯郷雅之（2011）時間生物学, **17**: 23-34.

8-5) Tei, H. *et al.* (1997) Nature, **389**: 512-516.

8-6) Gern, W. A., Greenhouse, S. S. (1988) Gen. Comp. Endocrinol., **71**: 163-174.

8-7) Iigo, M. *et al.* (1991) Gen. Comp. Endocrinol., **83**: 152-158.

8-8) Falcón, J. (1999) Prog. Neurobiol., **58**: 121-162.

8-9) Iigo, M. *et al.* (2007) Gen. Comp. Endocrinol., **154**: 91-97.

8-10) Campbell, M. A. *et al.* (2013) Gene, **530**: 57-65.

8-11) Prokopenko, I. *et al.* (2009) Nat. Genet., **41**: 77-81.

8-12) Lyssenko, V. *et al.* (2009) Nat. Genet., **41**: 82-88.

8-13) Turek, F. W. *et al.* (2005) Science, **308**: 1043-1045.

8-14) Kondratov, R. V. *et al.* (2006) Genes Dev., **20**: 1868-1873.

8-15) Doi, M. *et al.* (2010) Nat. Med., **16**: 67-74.

9. 昆虫類のリズムとホルモン

竹田真木生

　概日時計は神経系と内分泌系が支配する多様な生命活動の調節に介在する．概日時計は神経伝達物質などを介して内分泌系を支配するため，ホルモンの分泌は1日の限られた時間帯に起こる現象（gated phenomenon）であることが多い．ここでは典型的な gated phenomenon である脱皮と，その遅延ともいえる休眠について，これらの現象を司る光周性に注目し，概日時計による内分泌系の制御様式について考える．

9.1　はじめに —概日振動の進化—

　生物は，心拍・呼吸など短周期のリズムから，長周期の概年リズムまでさまざまな周期現象を示す．17年もしくは13年ごとに大量羽化するセミの例もある．おおよそ1日を周期とする**概日リズム**（サーカディアンリズム）は，そもそもは生物の内因性振動に起因する．約24時間の周期性は，概日振動が地球の自転に起因する昼夜の変化，すなわち環境要因に**同調**（entrainment）した結果と考えられている．

　日中に降り注ぐ太陽光線は，植物にとっては光合成に，動物にとっては視覚を働かせて行動するために，それぞれ非常に重要である．その反面，紫外線によりDNAが損傷する弊害がある．とくに細胞周期のなかでは，DNA合成期が光損傷に対して敏感である．概日リズムの研究によく使用されるミドリムシや，他の多くの単細胞生物において，増殖（細胞分裂）は夜間に活発である．これは日中を避けて夜間にDNAを合成する必要があった結果であり，概日リズムの起源とする説がある．

　多細胞生物では，色素胞が紫外線からの防御の道具として機能している．代表的な色素は体表に存在するメラニンであり，紫外線を吸収して細

胞や DNA を防御している．そのため色素胞の機能制御にも概日リズムが存在する．甲殻類や昆虫など無脊椎動物の色素合成や体色調節に関わるホルモンとして，メラトニン，色素拡散ホルモン（pigment dispersing hormone または factor：PDH または PDF），赤色色素凝集ホルモン（red pigment concentrating hormone：RPCH），コラゾニン（別名，黒化誘導神経ホルモン）などがある．一方,海や湖においてプランクトン生活を送る甲殻類動物には，昼間は中層，夜間は表層に移動する**日間垂直移動**（daily vertical migration）を行うものがある．このとき深度に応じて体色が変化する場合があることから，体色調節ホルモンが概日リズムの調節にも関与していることが予想され，実際，最近の研究成果によれば，体色調節ホルモンが概日リズムとも密接に関連していることがわかってきている．

9.2　概日時計の基本構造と挙動

ピッテンドリック（Pittendrigh, C. S.）一派は1950年代から60年代にかけて，オスグロショウジョウバエ（*Drosophila pseudoobscura*）を用いて一連の研究を行った．彼らは，羽化リズムがさまざまな人工的光周期へ同調する機構を，物理振動系になぞらえたシミュレーションによって解析した．それによって提案されたモデルは，リズム調節機構の重要な理論として現在に至っている．これに刺激された多くの研究者が**概日振動系**の挙動を，さまざまな動物で調べた．その結果，概日振動系とは，**概日ペースメーカー細胞**または**細胞群**（circadian pacemaker：**CPM**）という上位の調節機構の支配の下で，末梢の組織を基盤にする多くの振動体（slave oscillators）が同調的に活動している体系であると考えられた．とくに，**結合振動子モデル**（coupled oscillator model）は，光と温度それぞれに独立してリズムを同調させる機構だけでなく，定常状態にある位相が，光パルスの刺激によって新しい定常状態に移行するまでの（すなわち位相転移を完了するまでの）暫定的な変動期（transient cycle）の挙動までを美しく説明できる優れたモデルであった．

細胞に潜む見えない周期性を，わかりやすく表現する方法として，**位相反応曲線**がある．この基本的な形はほとんどの生物で同じである．たとえば，

主観的昼には位相変動はあまり起こらず（dead zone），主観的夜の初め（early subjective night）からは位相の遅れが大きくなっていく．しかし，分水嶺（watershed）と呼ばれる境界時刻を越える主観的夜の後半（late subjective night）には今後は逆に，位相前進が起こる（位相の跳躍）．

概日振動体は，狭い意味では約24時間の周期的な出力機構を作る装置であり，光やそのほかの環境因子に対してリズムを同調させる機構がこれに含まれる（circadian system）．その中核となるのが転写・翻訳系を含む遺伝子ネットワークであるが，これは，安定化のための負のフィードバック系やフィードフォワード系を含む複数の制御系により構築される．これを理解したうえで内分泌系における概日リズムの制御を例にして当てはめると，環境信号を受け取る入力系，ホルモンを合成・放出する出力系，制御系からのフィードバック，という中枢から末梢を含む一体的なシステムとなる[9-1]．昆虫における概日系への光の入力は，次節で紹介する複眼を経由するルート，および網膜外受容[9-2]の2経路が知られている．

9.3 時計はどこにあるか？

CPM，すなわち時計は脳内のどこにあるのであろうか．この研究は昆虫では2種のゴキブリを用いて，外科的な手術による活動リズムの撹乱を目印にして行われた．ハーカー（Harker, J.）はワモンゴキブリ（*Periplaneta americana*）を使い，別個体を手術によって結合する実験などにより，光は単眼を経由して食道下神経節にあるCPMを制御すること，さらに，走行リズムは体液を介する調節因子，すなわちホルモン様成分による出力として制御されるという仮説を提唱した．しかし実験の再現性が低いことに問題があった．宇尾（Nishitsutsuji-Uwo, J.）らはマデレゴキブリ（*Leucophaea maderae*）を用いて，①網膜と視葉の切断，②視葉と前大脳の切断，③脳間部（pars intercerebralis：PI）の除去または破壊を行った．①の場合は光による同調が消失した．②ではリズムが喪失した．そして③は過動（hyperactivity）が誘導された．これらの結果から，ゴキブリのCPMは**視葉**に存在すること，光は複眼を通してCPMのリズムを同調させること，およ

びCPMは**脳間部**（PI）のホルモン分泌に影響を与える可能性が示された．これらの結果にもとづいて，脳間部から分泌されるホルモン様成分が**食道下神経節**と胸部に存在する走行中枢を調節するという考えが導かれた．視葉のCPMによる胸部の走行中枢の制御には，内分泌系ではなく神経系のみが関与しているとの説もある．しかし，これを証明するためには脳と食道下神経節を繋ぐ経路を切断する手術が必要であるが，これは非常に難しい手術である．

引き続いてマデレゴキブリとコオロギの一種（*Teleogryllus commodus*）で，視葉に存在する2つの神経交叉のうち内側の交叉の腹側にCPMが局在することが，片側の視葉切除ともう一方の視葉の局所破壊によって確認された．また左右両側の視葉に存在するCPMは前部および後部の脳半球連絡（anterior-およびposterior-optic commissures：AOC，POC）という2つの連絡路によって相互に結合されていることがわかった．この連絡部分は色素拡散因子（pigment-dispersing factor：PDF）と呼ばれるペプチドを発現していること，したがってPDFが出力因子である可能性が後に明らかになった．

9.4 キイロショウジョウバエにおける概日時計遺伝子の発見

一方，1970年代になるとコノプカ（Konopka, R.）とベンザー（Benzer, S.）が，概日振動の分子生物学的な解明への道を拓いた．1塩基置換を引き起こす化学的突然変異誘引剤であるメタンスルホン酸エチル（ethylmethane sulfonate：EMS）を添加した人工飼料でキイロショウジョウバエを飼育し，羽化と走行リズムを指標として3つの突然変異系統を確立したのである．この突然変異を担う遺伝子座は*period*と名づけられた．変異系統として，周期が長くなるもの，短くなるもの，そして無周期になるものが得られ，それぞれper^l, per^sおよびper^0と名づけられた．

分子生物学的解析の対象として，最も簡単なリズム生成機構である負のフィードバック機構（simple transcription-translation oscillator loop：**TTO**）に，まず焦点が絞られた．1980年代初頭に*per*がクローニングされた．この産物であるPeriod（PER）タンパク質が負のフィードバック調節を発揮

するためには，細胞質で生合成された後，核に入って転写を抑制する必要がある．そのためには核移行とDNAに結合するためのヘテロ二量体パートナーが必要である．PERタンパク質は時計遺伝子から翻訳されるタンパク質Timeless（**TIM**）と会合すると核へ移行できることが明らかとなった．しかし，PERタンパク質にもTIMタンパク質にもDNA結合領域がない．つまり，そのままでは核に入っても転写制御因子として機能できず，負のフィードバック機構を発揮できない．さらに検討が進むと，これらのタンパク質（PER/TIM）は別の転写因子である**CYCLE**タンパク質（CYC）と**CLOCK**(CLK)タンパク質の複合体（**CYC-CLK複合体**）と密接に関連していた．すなわちPER/TIMは，E-boxと呼ばれる遺伝子上流のエンハンサー領域で，DNA配列と結合するCYC-CLK複合体と相互作用することで，CYC-CLK複合体をDNAから「外す」のである．これにより，転写の機能が低下して，下流に存在する遺伝子が抑制される．つまり，PER/TIMによる負のフィードバックが成立する．

9.5　キイロショウジョウバエにおける概日時計ニューロン

　PERタンパク質を発現する細胞こそがCPMであるという仮定は一応納得できる．しかし，実際に免疫組織化学染色法によって調べてみると，PER様免疫組織化学反応(PER-ir：すなわちPER様タンパク質の存在を示唆するシグナル)は，キイロショウジョウバエの脳では約150個もの多くの細胞に認められる．しかも，それらの細胞にはニューロンだけではなくグリア細胞も含まれる．キイロショウジョウバエの前大脳—視葉のPER-irニューロンは2つのグループに大別できる．背側に存在する連続する3つの背側ニューロン（dorsal neuros：DN1，DN2，DN3）と，よりCPM的挙動を示す3種類の側方ニューロン（lateral neurons：LNd，1-LNv，sLNv）である．これらのやや後方には，LPNと呼ばれるグループもある．これらのニューロンは，発現する遺伝子あるいはニューロンの数などにより特徴づけられる．たとえばLNd群はクリプトクロム（cryptochrome：CRY）遺伝子と神経ペプチドF（neuropeptide F, NPF）遺伝子を強く発現する．DN1aはCRYとIPN-ア

ミド（IPN-amide）遺伝子を発現する．DN3 の場合は細胞数が 40 個も存在することで特徴づけられる．キイロショウジョウバエは夜明けと日暮れに活動のピークを示す双峰性の概日リズムを示すが，すべての遺伝子が同調するわけではない．AOC および POC は夜明けのピークに活動が高まり，PDF を発現する．5th-s-LNv や LNd のニューロンは夕方のピークに対応して活動が高まる．これらのニューロンの活動は光に同調する．一方，DN2 や LPN は温度に感受性が高い．時計の細胞のなかにも，光に感受性を示すばかりでなく，出力入力に応じた機能分化がある．

9.6 概日時計の分子構造と制御機構

カイコ（*Bombyx mori*）でも時計タンパクである PER の免疫染色パターンに，ショウジョウバエとは異なる多様性が認められている．しかも，コオロギでは近縁の種間だけではなく，同種の幼虫と成虫でも染色パターンが変わる．これらの知見は，時計遺伝子の発現は種および発生・成長にともなっても変わること，つまり構造の可塑性を示し，きわめて興味深い（口絵Ⅱ-9 章参照）．

カイコやサクサン（*Antheraea pernyi*）では，背側部の Ia1 と呼ばれる部位にある比較的大きな 4 対のニューロンと，その近辺の 2 ないし 4 個の小さい細胞が，主観的夜の後半に PER の免疫染色性のピークを示す．これらの細胞には PER タンパク質とともに，CYCLE タンパク質，クリプトクロムタンパク質，**アリルアルキルアミン N-アセチル転移酵素（AANAT）**，および doubletime（DBT）の存在が免疫組織化学染色法により示された．これらのタンパク質は前額神経節，食道下神経節と脳間部でも共存していたが，これらの部位では概日振動に対応するような染色性の変化が観察されなかった．一方，側心体は脳から体腔に神経分泌物を放出する部位として知られているが，この部位にもこれらのタンパク質が検出されている．すなわち，これらのタンパク質が側心体から血中に放出されている可能性がある．

ワモンゴキブリでは，時計タンパク質である PER は，脳間部（PI）や側方部（PL），および視交叉の背側および腹側で強く検出される．これらの部

位には PDF も強く検出される．PI を外科的に除去すると，奇妙な反応が現れる[9-3]．手術後に明暗条件に置くとリズムは正常であるが，全暗に置くとリズムが消滅して無周期となるのである．これは異常活動が亢進している状態（hyperactivity）ではなく無周期的に活動している状態（arrhythmia）である．さらに興味深いことに，このゴキブリは過食症を起こして肥大化する．明暗条件下ではこのようなことは起こらない．

　昆虫の PI は，哺乳類の視床下部に相当する領域であり，時計遺伝子を含む細胞だけではなく，さまざまな神経分泌細胞がある．その中で，過食と活動性，そのリズムの発現をつなぐ可能性のあるペプチドとして甲殻類心臓作用性ペプチド（crustacean cardioactive peptide：**CCAP**）が知られている．同じ細胞から分泌される sNPF は CCAP とともに相互にフィードバック調節を行っている[9-4]．たとえば small NPF（**sNPF**）は走行活動を促進し，CCAP は抑制する．そして sNPY と CCAP は，autocrine 系として，お互いに分泌を抑制しあう．概日リズムの発生に重要な機能を有する CPM 細胞は，走行活動だけではなく摂食や睡眠のリズムも制御している．生殖系列の細胞もこの制御下に存在している．したがって，CPM 細胞から出力される信号は神経系ではなく，内分泌情報として PI を経由して全身に発信されると考えられる．ちなみに，変態のリズムの制御の頂点にある**前胸腺刺激ホルモン**（**PTTH**）細胞もゴキブリでは PI に存在する．

　ショウジョウバエでは PER と TIM を中心とする負のサイクルに，CLK を結節点として正のサイクルが結合した interlocked negative feedback loops（図 **9.1**）が明らかになった．ここでは *per* と *clk* の転写産物は位相が反転していることから負のカプリングとなっている．また，このカプリングでは *Pdp1* と *vri* の転写制御領域に E-box があって，CLK/CYC が結合して転写を制御している．PER/TIM サイクルの下流に存在する遺伝子は **clock-controlled-genes**（**ccg**）と呼ばれる．じつは *Pdp1*（*PAR-domein protein 1*）も *vri*（*vrille*）も ccg の一種である．すなわち，転写因子の結合は 1 か所とは限らない．Pdp1 も VRI も転写制御因子として相互に負のフィードバックを及ぼしあうことにより，*Clk* の転写を制御する．詳細については触れないが，これは概

9章 昆虫類のリズムとホルモン

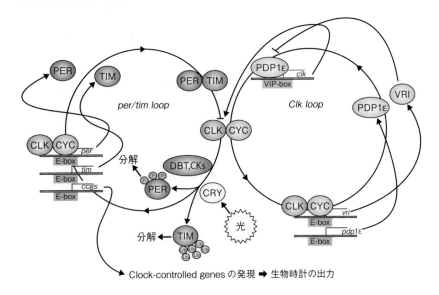

図 9.1 キイロショウジョウバエで明らかになった概日振動の分子機構
負のフィードバック機構が連結された構成になっている．左のループは PER および TIM を中心にした典型的な TTO ループである．右のループはこのように左の第一ループと連結する．タンパク質の分解系のプロセスであるリン酸化を p で，ユビキチン化を Ub で表した．詳しくは本文を参照．

日時計の定義の1つである温度補償性に寄与しうる．

　概日時計の同調に関わる分子機構も明らかになってきた．ショウジョウバエでは，青色光に感受性をもつ光受容分子クリプトクロム（cryptochrome：CRY）が，時計遺伝子の一種である *Shaggy* を介し，TIM タンパク質のユビキチン化―プロテアソーム分解にかかわる．JET と呼ばれる F-box タンパク質の一種も，この光依存的な TIM 分解を助ける．PER タンパク質は，TIM とヘテロ二量体を形成することで安定して存在しているが，この二量体はリン酸化酵素 DBT（a casein kinase Idε homolog）により分解される．他に CK Ⅱ や CSNK 2-A などのリン酸化酵素，タンパク質脱リン酸化酵素 PP2A（protein phosphatase 2A）や Slimb と呼ばれるユビキチン―プロテアソーム分解に関わる F-box タンパク質なども，これらの時計タンパク質の分解系，すなわち時計の針合わせ（同調）に関係している．

このような互いに絡まりあった複雑な系によって概日時計は安定化され，位相調節がなされ，自由継続をする．この時計によってつくり出された自律的な振動は，さまざまな出力系に伝わり，出力系どうしを協調させる．さらにこの時計本体に出力系からのフィードバックも入り込む．事実，インスリン・サイクルや，細胞周期，HH（Hedgehog）シグナル系，葉酸生合成系などの代謝系など，多様な情報がフィードバックされて，総合的なネットワークが形成されていることが，ヒトの研究から明らかになってきた．すなわち代謝物がホルモン様のシグナル因子として中枢の振動系に影響を及ぼすのである．この経路には，転写制御に関わるClockタンパク質とヒストンアセチル転移酵素との相互作用，すなわちエピジェネティックな制御も知られている[9-1]．

　中枢の時計と末梢の時計の関係を示唆する研究もある．たとえば*per*のプロモーター領域にGFPをレポーターとしてつないだハエでは，翅など脳以外の部分にもGFPの発光が見られ，その発光リズムは断頭後にも継続する．つまり，脳に存在するCPMによって駆動される末梢の時計が存在する．しかも，脳の強制が外れると，それらの振動は自由継続する．CPMと末梢時計からの，そしてそちらへの神経系と内分泌系の相対的貢献度についてはまだ不明である．内分泌系としては，CCAPという活動リズムにも関与するホルモンが候補として挙げられる．しかし，明暗リズムに応答して体色変化を導くPDFが，神経伝達物質としてではなく，ホルモンとして概日系に関与している可能性を示す知見は見当たらない[9-4]．

9.7　多様な出力系と末端のホルモン制御

　上記のように，概日振動の発振器は，フィードバックとフィードフォワード装置を形成する多くの遺伝子とタンパク質，および異なるタンパク質同士の相互作用，ならびに多くの細胞間の連携によってつくられる．効果器ごとのリズムをつくり出すための機構とルートは，末梢に行くにつれて独自性が明瞭になってくる．ゴキブリのところで議論したように，原理的には胸部の走行活動のリズムを説明するには頭部からの神経連絡だけで十分であろう．たとえば，PDFは外側ニューロン（lateral neuron）でPERとの共存が示さ

れていること，両側の"CPM"ニューロンをつなぐAOCおよびPOCという概日系のランドマーク構造にもPDFが存在すること，さらにPDF受容体をノックアウトすることによってリズムが消滅することなどから，PDFは出力を制御する神経伝達物質であると考えることはできる.

しかし，脱皮や変態はかなり複雑なホルモン調節系により制御されており，PTTH，羽化ホルモンEH（eclosion hormone），前脱皮行動解発ホルモン（Preecdysis-triggering hormones：PETH）および脱皮行動解発ホルモン（Ecdysis-triggering hormones：ETH），CCAPおよび20-hydroxyecdysone（20E）の合成と放出を中心にしたいくつかのペプチドホルモンなどのカスケードが存在する．たとえば，20Eの血中量の下降にともなって，EHが放出される．これが，インカ細胞からのPETHとETHの放出を促進する．ETHは脳に作用してさらなるEHの分泌を促進する．EHは腹部神経節からのCCAPの分泌を促進する．このカスケードの起点となる20EはPTTHによって合成が開始される．したがって，究極的にはPTTHの分泌を制御している因子の解明が必要である．

PTTHの分泌を制御する物質をさがすために，脳・前胸腺にさまざまな神経伝達物質を加えて培養し，PTTHの放出作用をエクジステロイドの合成から間接的に測定する方法がある．この方法で，カイコではアセチルコリン，グルタミン酸，セロトニン，ドーパミンがPTTHの放出促進に関与すること，および，ワモンゴキブリではPTTH放出をセロトニンが抑制し，メラトニンが促進することなどが明らかにされている.

9.8 概日振動系の一機能としての光周性のホルモン制御

昼の長さと夜の長さの変化から季節を感知して反応するのが**光周性**であるが，これも概日振動より駆動される時計がもとになっている．この光周性がどのようにホルモンを制御しているのかは十分にわかっていなかった．ウィリアムス（Williams, C）一派による光周性のホルモン制御機構の研究における最も古典的な材料はサクサンである．トルーマン（Truman, J.）は光周性を，蛹における**休眠**状態から成虫の脱皮が起こるかどうかの問題に単純化し，

ホルモンによる脱皮の調節機構を解析した．なお彼は，時計部分については photonon と scotonon と名づけた仮想的な物質に依存すると考えたが，物質的な証拠はない．休眠・非休眠は，脳における PTTH の合成と放出の制御という形に単純化できる．サクサンの蛹では，短日によって脳が不活性化し，その結果として脱皮ホルモンを誘導する PTTH の分泌が止まる状態を休眠と呼ぶ．逆に長日によって脳が活性化されて PTTH が放出されると羽化が起こる，すなわち休眠からの**覚醒**となる．

　サクサンでは PTTH ニューロンは CPM 細胞と接していることから，休眠の誘導および休眠からの覚醒という現象は，PTTH の合成と放出を促進する神経伝達機構および PTTH 合成を停止させる機構の解明により理解できるはずである．初めに，短日に置いた休眠蛹を10日間ほど連続して長日に暴露すると，血中の 20E 濃度が急激に上昇することが明らかになった．このとき脳内ではメラトニンの前駆体であるセロトニン濃度が高まっていた．このことからは，セロトニンもしくはその代謝産物のメラトニンが休眠の覚醒に関与している可能性が浮かび上がった．事実，セロトニン，メラトニン，セロトニンをメラトニンに代謝する **AANAT** と**ヒドロキシインドール O-メチル転移酵素**（**HIOMT**）の免疫反応が，PER タンパク質と CYC タンパク質を有する細胞に存在する．つまり，CPM 細胞はセロトニンやメラトニンなどのインドールアミンを代謝する酵素系を発現しているのである．一方，PTTH 細胞では MT（メラトニン受容体）が発現している．AANAT の酵素活性は，10回の長日暴露，4か月の低温で上昇するが，活性の変化は休眠深度と並行しており，休眠中は活性が低い．AANAT 遺伝子（*aanat*）のプロモーター領域には，CLK/CYC の結合するエンハンサーである E-box が2個と cannonical E-box が4個存在する．*aanat* の転写にはリズムがあり，*CLK* や *CYC* 転写と同じ位相を示す．休眠蛹へのメラトニン注射は休眠覚醒を促進する．メラトニン受容体のアンタゴニストであるルジンドールの注射は，逆に休眠覚醒を抑える．これらの知見により，休眠の覚醒と誘導に関わる内分泌系の概要が明らかになってきた（**図 9.2**）．

　AANAT が休眠の覚醒と誘導に関わることを示す確定的な証拠は，二重

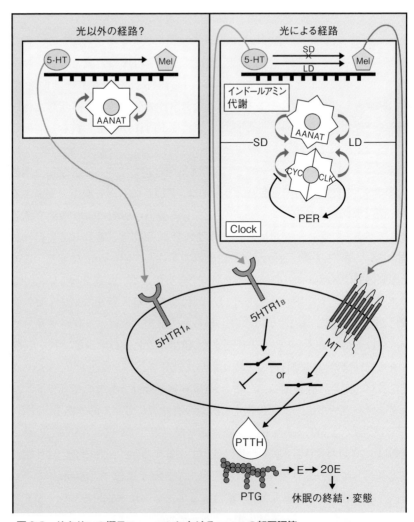

図 9.2　サクサンの概日ニューロンにおける *aanat* の転写調節
　サクサンのゲノムには 2 つの 5HTR が存在する．右側の系では，AANAT（上の歯車で示した）は概日時計（下の歯車）と連結されている ccg である．長日下（LD）では上の歯車で示した *aanat* が転写されると，その翻訳によって酵素が増え，セロトニン（5HT）がメラトニンに転換される．メラトニンは放出されて PTTH 細胞のメラトニン受容体（MT）に結合し，PTTH が放出され，エクジソン合成が起こる．一方，短日（SD）では，*aanat* の転写が抑えられ，5HT が高く維持され，それが放出され 5HTR1$_B$ に結合すると内分泌スイッチが切れる．なお，左側の系では光周期に対する感受性がない．低温などで活性化される，まったく別の系である可能性がある．

9.8 概日振動系の一機能としての光周性のホルモン制御

鎖(ds)RNAによるRNA干渉実験によって得られた．短日では休眠が続くが，長日では休眠から覚醒する．ところがRNA干渉によってAANAT遺伝子をノックアウトすると，長日でも休眠が継続し，覚醒しないのである．もし光周性が働いていれば休眠から覚めるはずである．そうならなかったのは，つまり光周性に関わる重要な遺伝子が機能しなくなったからである．確認のために休眠からの覚醒に抑制的に働く因子であるPER遺伝子の機能を阻害したところ，予想どおり，*aanat*の転写が促進された．抑制因子の機能が無効になるから転写が促進したことは，AANAT遺伝子をノックアウトした結果と符合する．これらの結果から光周性による休眠の解除として以下のような機構が推測できる．①光周性は*aanat*の転写制御で実現される．*aanat*はclock-controlled-genesである．*aanat*の転写が進むと②インドールアミンの代謝におけるメラトニン/セロトニン比がメラトニンに傾く．③メラトニンがPTTHニューロン上の受容体(MT)に結合し，おそらくCa²⁺フラックスを増加させる．それによりPTTH細胞中に存在するPKC（カル

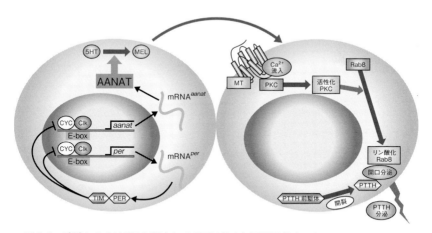

図9.3 時計からAANATを経由してPTTH放出に至る予想ルート
サクサンでは，左側の概日時計ニューロンは，概日振動に関わる遺伝子産物とインドールアミン代謝に関わる因子を共有している．一方，右側のPTTH合成・分泌細胞はセロトニン受容体，メラトニン受容体(MT)をもっている．MTにメラトニンが結合すると，PKCの活性化を介して，開口分泌因子Rab8が活性化し，PTTH合成の活性化と放出が起こる．

シウム依存的リン酸化酵素)が活性化される.このPKCによるリン酸化によってPTTH細胞中に存在するRab8(スモールGタンパク質の1種)という細胞内トラフィックにかかわる分子が活性化されて,PTTHが放出される(exocytosis).その結果,20E合成と放出,成虫形成が進む(図9.3).また,④サクサンの概日振動系はショウジョウバエとほぼ同じ構造をもつと考えられる.すなわち,光周性からの出力機構を説明するためには,特別な分子装置は必要なく,すべて既知のホルモンおよびそれに関係する酵素系のみで理解が可能である.要するに,休眠からの覚醒にはメラトニンおよびメラトニンの合成系が重要である.

メラトニンは休眠を覚醒するが,逆に休眠の導入・維持に関わるホルモンはセロトニンと予想される.なぜならば,休眠の覚醒はメラトニンが促進し,セロトニンが抑制するからである.サクサンには2種類のセロトニン受容体(5HTR)が存在し,これらの遺伝子はPTTH細胞で発現している.そこでRNAiによりクローニングされた2つのセロトニン受容体のうち,光周期感受性のある方($5HTRI_B$)をノックアウトすると,短日条件下でも休眠中の蛹が覚醒した.つまり,光周性が壊れたことになる.この結果は薬理学的処理でも確認できた.メラトニン受容体の競合的拮抗薬であるルジンドールを作用させてメラトニンが効かない状態にし,さらにセロトニンを注射すると,長日条件下でも休眠は継続する.一方,セロトニン拮抗剤である5-,7-dihydroxytryptamine (5-,7-DHT)によりセロトニンが効かない状態にすると,休眠は継続されず覚醒が起こる.したがって,セロトニンが5HT1B受容体に結合しなければ,休眠は維持できないと結論できる.

9.9 今後の展望

インドールアミンおよびその変動の鍵を握るAANATの酵素活性については,ゴキブリ,コオロギ,カイコなどの脳のCPM細胞において,AOCおよびPOCはじめ重要な概日系のランドマーク構造中の存在が知られている.さらに,走行リズムなどへの影響や量的な振動が調べられており,それらが様々な機構に関与することが明らかになっている[9-2].今後の課題として,

9.9 今後の展望

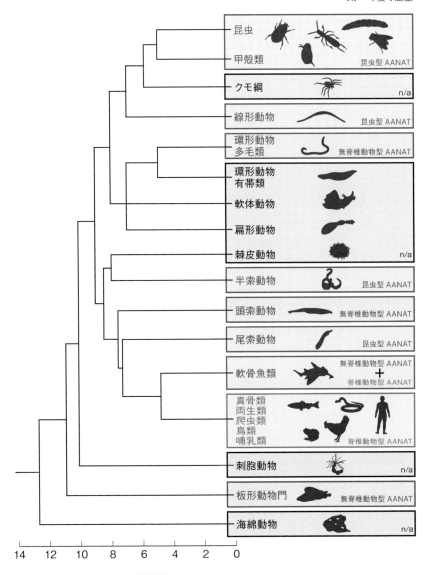

図9.4 AANATの分子系統関係
AANATは,系統的にはあまり強い保存性がないとされる.しかし,広範な分類群をみわたすと,脊椎動物型よりも昆虫型の方が祖先的であることがわかる.なお,サクサンにおいてAANATはTimezymeとして機能していることが明らかにされている.スケールはアミノ酸置換の数で,ツリーは近隣接続法.

幼若ホルモン JH や 20E の時計への関与と，その PDF や CCAP 系の制御系統との相互関係を解明する必要がある．カイコやサクサンでは PER の免疫陽性反応が側心体からアラタ体に伸びており，methoprene 塗布がツトガの一種 *Diatraea grandiosella* の羽化リズムの位相を早めることが知られている[9-5]．

　昆虫におけるメラトニンや AANAT の存在を疑問視する向きもあった．昆虫の AANAT は哺乳類との相同性は高くないとしても，系統発生全体で見るとむしろ昆虫型 AANAT のほうが祖先的である（**図 9.4**）．脊椎動物につながる系統でも，ギボシムシなどの半索動物（Hemichordata）とホヤなどの尾索動物（Urochordata）は昆虫型であった．また，昆虫においても概日時計に関わる酵素としての機能を有することは，前述したようにサクサンで示されている．メラトニンは高等植物でも大量につくられていることがわかり，脊椎動物だけのホルモンではないことが明らかになった．メラトニンを含む植物を摂取した昆虫では，植物由来のメラトニンが外因性ホルモンとして作用を現す可能性もある．その認識に立って昆虫の神経内分泌系におけるメラトニンの存在意義を再認識すればこの系は害虫制御のための立派なターゲットにもなるのである[9-2]．

9 章 参考書

Bloch, G. *et al.* (2012) J. Insect Physiol., **59**, 56-69.

沼田英治 編（2014）『昆虫の時計』北隆館．

Saunders, D. S. *et al.* (2002) "Insect Clocks" 3rd edition, Elsevier, Amsterdam.

園部治之・長澤寛道 編著（2011）『脱皮と変態の生物学』東海大学出版会．

9 章 引用文献

9-1) Zhang, E. E., Kay, S. A. (2010) Nat. Rev. Mol. Cell Biol., **11**, 764-776.

9-2) Hiragaki, S. *et al.* (2015) Front. Physiol., 10.3389/fphyss.2015.00113.

9-3) Matsui, T. *et al.* (2009) Physiol. Behav., **96**: 548-556.

9-4) Mikani, A. *et al.* (2015) Cell Tissue Res., DOI 10.1007/s00441-015-2242-4.

9-5) Yin, C-M. *et al.* (1987) J. Insect Physiol., **33**, 95-102.

9-6) Shao, Q.-M. *et al.* (2006) J. Biol. Rhythms, **21**: 1-14.

10. 魚類の生殖リズムとホルモン

天野勝文

　魚類の生殖腺のなかには，「すじこ」や「からすみ」など，古くから食品として食されてきたものも多い．それらは発達した生殖腺である．生殖腺の発達，すなわち性成熟は，日長・水温などの環境要因が視床下部－下垂体－生殖腺軸に作用する結果として進行する．これまでに，性成熟に関与する多数のホルモンが同定され，魚類が決まった時期に産卵する生殖リズムを生み出す調節機構の一端が明らかとなってきた．

10.1　魚類の産卵期の多様性

　地球上には，脊椎動物の半数以上を占めるおよそ 25,000 〜 30,000 種類の魚類が存在するとされる．それぞれの魚類は，海洋，河川，湖沼などの水圏に生息し，一部の魚類は，繁殖のため，あるいは餌を摂るために海洋と河川を回遊する．そのような生態の多様性を反映してか，一生のうちの**産卵回数**や**産卵期**もさまざまである．熱帯に生息する多くの魚類は特定の産卵期をもたない．言い換えれば，一年中産卵が可能であるため，周年産卵型に分類される．一方，温帯に生息する魚類には，一年のなかで特定の産卵期があることが知られており，その産卵期はきわめて多様性に富んでいる（**図 10.1**）．温帯に生息する魚類の産卵には，**日長**（一日のなかの昼間の時間）と**水温**が深く関わる．これらの**環境要因**がどのように魚類の生殖腺の発達に影響を与えるのかについては，古くから多くの優れた研究がある．ここでは，そのいくつかの例について概略を紹介する．

　春産卵型は，春季に生殖腺が急速に発達して産卵し，盛夏前に産卵を終了する型である．コイ目タナゴ属アカヒレタビラ（*Acheilognathus tabira*）は，春季の水温上昇が産卵開始要因であり，このときに日長は関与しない．産卵の終了要因は夏季の高水温である．秋季に水温は春季と同じ程度となるが，

10章 魚類の生殖リズムとホルモン

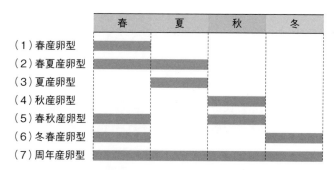

図10.1　魚類のさまざまな産卵期型を示す模式図
長方形部分が産卵期に相当する．

短日化（日長が短くなること）により性成熟が抑制される．すなわち，アカヒレタビラは春季には日長に反応しないが，秋季には日長に反応するのである．
　秋産卵型に属するコイ目タナゴ属カネヒラ（*Acheilognathus rhombeus*）の場合，0歳魚の産卵開始要因は秋季の短日化であり，このときに水温は関与しないようである．産卵終了要因は冬季の低水温である．初夏には水温が適切であれば日長に関わらず成熟が進行する．サケ科魚類も秋産卵型に属する．興味深いことに，ニジマス（*Oncorhynchus mykiss*）を恒常条件（日長，水温一定）で飼育しても，ほぼ1年の生殖周期を呈する．おそらく，サケ科魚類の生殖周期には「1年」という時間を測る**生物時計**が関わっており，日長はこの時計の時刻合わせとして機能するのであろう[10-1]．
　本章では，1年という長い単位の周期の他に，1日単位という短い周期についても，**生殖リズム**という用語で表すことにする．

10.2　魚類の生殖腺の発達

　魚類の生殖リズムを解明するためには，生殖腺の発達について知る必要がある．多くの魚類は雌雄異体であり，生殖腺として，雄は精巣を，雌は卵巣をもつ．魚類の生殖腺の中には，古くから食品として食されてきて私たちに馴染み深いものも多い．たとえば，「すじこ」はサケの卵巣，「からすみ」はおもにボラの卵巣，世界三大珍味の1つの「キャビア」はチョウザメの卵巣

10.2 魚類の生殖腺の発達

を調理したものである．「白子」は魚類の精巣の食材としての呼び名で，フグ，タラ，サケなどが有名である．これらの生殖腺は，われわれヒトの感覚からすれば魚体の大きさに比べてきわめて大きい．魚類の生殖腺の発達具合は，おおむねその大きさによって測ることができる．

魚類の生殖腺は，精子形成・卵形成にともなって大きくなる．体重に対する生殖腺重量の比を**生殖腺体重比（GSI）**と定義する．たとえば，体重が200 gの魚の生殖腺重量が10 gであれば，GSI = 10 ÷ 200 × 100 = 5％となる．GSIの値で成熟度の推定が可能である．一般に，産卵期の成熟卵巣を有する個体では高いGSI値を示し，たとえば，アユ（*Plecoglossus altivelis*）の雌では30％にも達することがある．図10.2は，後述するサクラマス（*Oncorhynchus masou*）の0歳魚**早熟雄**とその精巣である．

GSIの算出以外にも生殖腺の発達の程度を調べるために使われる方法がいくつかある．最も簡単な方法は，腹部を軽く圧迫して，生殖孔から精子または卵が出てくるかどうかを確認することである．精子または卵が出てくれば十分に成熟していると判断できる．もしも出てこなければ，腹部を切開して生殖腺の様子を肉眼で観察することになる．さらに詳しく調べるためには組織学的検査も行われる．生殖腺をホルマリンやブアン液などの固定液で固定

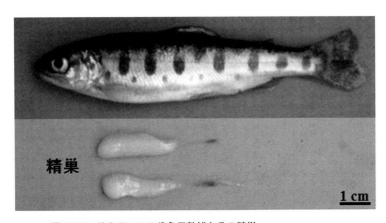

図10.2 サクラマス0歳魚早熟雄とその精巣
体長は10 cm程度と小型であるが，精巣は大きく発達している．

して，パラフィンに包埋(ほうまい)し，ミクロトームと呼ばれる機械で厚さ5 μmほどの切片を作製する．そして，切片の載ったスライドガラスにヘマトキシリン・エオシン染色を施す．すると，核は青紫色に，細胞質は赤色に染まる．それを顕微鏡で観察し，生殖腺の発達程度（卵や精子になる細胞の形や大きさ）を確認するのである．

　生殖孔から細いチューブを挿入して生殖腺の一部を取り出す，いわゆる，カニュレーションと呼ばれる方法も生殖腺の発達程度を調べるために行われる．この方法は，実験魚を生かしたまま実施できるため，同じ個体から定期的に生殖腺組織を採取できるなどの利点がある．その他，採血を行って血中の性ステロイドホルモン（テストステロン，エストラジオール17βなど）濃度を測定することも，成熟度の判定を目的として用いられる．

　魚類の生殖腺の発達過程は，基本的に魚種を問わず共通点が多い．生殖腺の発達過程の詳細については，章末の参考書等を参照されたい．

10.3　魚類の生殖リズムを支配するホルモンの働き

　魚類の性成熟は，他の脊椎動物と同様に，**視床下部－下垂体－生殖腺軸**によって制御される．視床下部は，間脳の下部に存在する脳の領域である．性成熟に関わるホルモンとしては，視床下部では**生殖腺刺激ホルモン放出ホルモン**（GnRH），下垂体では**生殖腺刺激ホルモン**（GTH：濾胞刺激ホルモン（FSH）と黄体形成ホルモン（LH）），そして生殖腺では**性ステロイドホルモン**がある（図10.3）．

　GnRHは1970年代のはじめにブタとヒツジの視床下部から発見されたアミノ酸10個からなるペプチドホルモンである．GnRHは視床下部の神経分泌細胞において産生され，下垂体からのGTH放出を促進する．GnRHを発見したシャーリー（Schally）とギルマン（Guillemin）は，その功績によって1977年にノーベル生理学・医学賞を受賞している．ちなみに，その年には，ホルモンの測定法の1つであるラジオイムノアッセイ（RIA）法を開発したヤロー（Yallow）も同賞を同時に受賞している．その後，いくつかの動物からアミノ酸配列の少し異なるGnRH分子が続々と発見され，脊椎動物

10.3 魚類の生殖リズムを支配するホルモンの働き

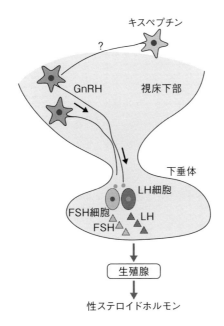

図 10.3　魚類の視床下部 - 下垂体 - 生殖腺軸の模式図
GnRH ニューロンの軸索が下垂体にまで直接到達し，周囲に放出される．そして GTH 細胞に作用して GTH 分泌を促進する．魚類の場合，キスペプチンの機能についての統一的な見解は得られていない．

では最初に発見された哺乳類型 GnRH の他に，ニワトリ I 型，II 型，サケ型，ナマズ型，タイ型，メダカ型 GnRH などが現在までに同定されている（**図 10.4**）．これらの GnRH には，その分子が最初に発見された生物名が付けられている．これまでの研究によって，1 動物種において，魚類は 2 〜 3 種類，両生類・爬虫類・鳥類は 2 種類，哺乳類は 1 〜 2 種類の GnRH をもつことがわかってきた．これは，脊椎動物の祖先は 3 種類の GnRH パラログ（遺伝子重複によって 1 つの生物種に複数存在する遺伝子）をもっていたものの，進化の過程でいくつかの GnRH 遺伝子が欠損した結果であると考えられている[10-2]．

10章 魚類の生殖リズムとホルモン

新名称		旧名称	1	2	3	4	5	6	7	8	9	10
GnRH1	⎧ 哺乳類型	pGlu	-His	-Trp	-Ser	-Tyr	-Gly	-Leu	-Arg	-Pro	-Gly	-NH$_2$
	ニワトリⅠ型	pGlu	-His	-Trp	-Ser	-Tyr	-Gly	-Leu	-Gln	-Pro	-Gly	-NH$_2$
	タイ型	pGlu	-His	-Trp	-Ser	-Tyr	-Gly	-Leu	-Ser	-Pro	-Gly	-NH$_2$
	ナマズ型	pGlu	-His	-Trp	-Ser	-His	-Gly	-Leu	-Asn	-Pro	-Gly	-NH$_2$
⎩ メダカ型	pGlu	-His	-Trp	-Ser	-Phe	-Gly	-Leu	-Ser	-Pro	-Gly	-NH$_2$
GnRH2	ニワトリⅡ型	pGlu	-His	-Trp	-Ser	-His	-Gly	-Trp	-Tyr	-Pro	-Gly	-NH$_2$
GnRH3	サケ型	pGlu	-His	-Trp	-Ser	-Tyr	-Gly	-Trp	-Leu	-Pro	-Gly	-NH$_2$

図 10.4　GnRH の分子種およびアミノ酸配列
旧名称では，最初にその分子種が同定された動物名を分子種名としている．哺乳類型 GnRH と異なるアミノ酸には網掛けを施している．

　最近では，分子系統に基づく分類により，GnRH を3つの分子種（GnRH1, GnRH2, GnRH3）に分けて考えるようになってきた（**図 10.4**）．この3つの GnRH 分子種は脳内の分布も異なることが，さまざまな魚種の脳内における GnRH ニューロンの分布を**免疫組織化学染色法**によって調べることで明らかにされている．免疫組織化学法とは，基本的には抗原と抗体の結合を利用してホルモンの分布を組織切片上で調べる方法であり，当然のことながら，抗体は目的とする抗原（ホルモン）のみと結合することが重要である（特異性が高いと表現する）．**図 10.5** に，カレイ目マツカワ（*Verasper moseri*）の脳における3種類の GnRH ニューロンの分布を模式的に示した[10-3]．GnRH1 は，視床下部に産生細胞が存在し，神経軸索を下垂体に投射して GTH 分泌を制御する本来の意味での GnRH である．GnRH2 は，中脳被蓋に産生細胞が存在し，神経軸索を脳全体に広く投射するものの下垂体には投射しない GnRH であり，ニワトリⅡ型 GnRH が相当する．GnRH3 は，主として終神経節（嗅球と終脳の境界部に相当）に産生細胞が存在する．一方，GnRH1 をもたないサケ科魚類などでは，GnRH3 産生細胞は視床下部にも存在し，下垂体での GTH 分泌を制御する GnRH として機能する．
　魚類には哺乳類とは異なり下垂体門脈系（視床下部から下垂体前葉へホル

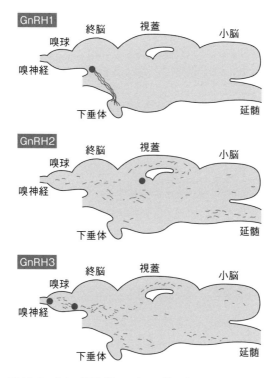

図 10.5 カレイ目魚類マツカワの脳における GnRH1, 2, 3 ニューロンの分布の模式図
丸印は細胞体を表す（引用文献 10-3 を一部修正）.

モンを運ぶ血管系）がないので，GnRH ニューロンの軸索が下垂体にまで達して周囲に GnRH を分泌する．そして，GnRH が GTH 細胞に作用することで GTH 分泌を促進する．GTH には FSH と LH の 2 種類があり，魚類の場合，FSH と LH は別の細胞から分泌される．血中に放出された GTH は生殖腺（精巣あるいは卵巣）に作用して，生殖腺の発達および性ステロイドホルモンの分泌を制御する．

哺乳類の場合，視床下部で産生される**キスペプチン**というペプチドホルモンが，脳内で GnRH を直接的に調節して生殖機能を制御することが定説となりつつある（詳細は 12 章「哺乳類の生殖リズムとホルモン」を参照）．一方，

魚類におけるキスペプチンの生理機能は魚種により異なるようである（コラム 10.1 参照）．

10.4　サクラマスの性成熟にともなう GnRH の変動

魚類にも GnRH が存在することが明らかにされたころ，魚類における GnRH の機能を明らかにすることを目的として，自然条件下で飼育されたサクラマスの発生から性成熟に至るまでの 3 年間にわたって成長・性成熟と GnRH との関連が調べられた（コラム 10.2 参照）．

サクラマスは秋に孵化し，満 1 歳の秋には，一部の雄で精巣の発達した早熟雄が出現する．早熟雄は降海せずに河川に留まる．一方，早熟雄以外の雄と雌では，1 歳の春に銀化変態をする（詳細は 5 章「魚の変態とホルモン」を参照）．その後，河川の増水や濁りが引き金となって海洋へ降河する．海洋で成長を続け，性成熟が始まると，2 歳の春頃に母川に遡上し，秋に産卵行動をして一生を終える．

実験に用いられたサクラマスは，池で飼育されていたため降海することはないが，満 1 歳の秋には早熟雄が出現し，1 歳の春には銀化が起こり，満 3 歳で性成熟する系群である．ここでは，雌で得られた結果の一部を紹介する（**図 10.6**）．GSI は 2 歳の夏頃から急上昇し，満 3 歳の秋に最高値に達して排卵に至った．視床下部と下垂体の GnRH3 量は，毎年の春から秋にかけて周期的に増加した．この GnRH3 量の増加に一致して，下垂体と血中の LH 量も増加した．一方，GnRH2 は実験期間を通じて下垂体には検出されず，脳のいずれの部位においても性成熟と一致する変化はなかった．サクラマスには本来の GnRH と考えられる分子である GnRH1 は存在しないが，この結果も，サクラマスにおいて GnRH3 こそが GTH 分泌を促進する，すなわち，本来の GnRH の役割を果たしていることを示している[10-4]．サクラマスにおける GnRH3 量の季節的な変化は，生殖の周年リズムを反映しているのかもしれない．

10.4 サクラマスの性成熟にともなう GnRH の変動

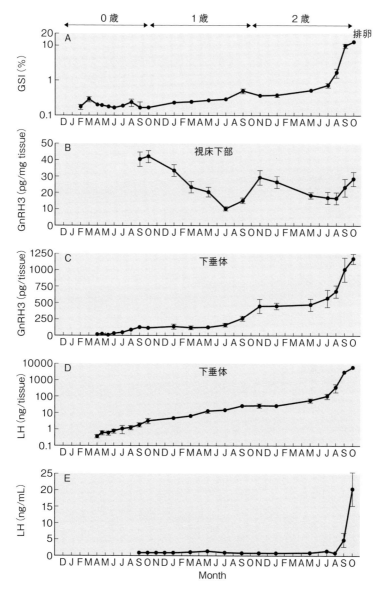

図 10.6 雌サクラマスの孵化から排卵に至るまでの GSI (A), 視床下部 GnRH3 濃度 (B), 下垂体 GnRH3 量 (C), 下垂体 LH 量 (D) および血中 LH 濃度 (E) の変化 (引用文献 10-4 を一部修正)

10.5　メダカの産卵リズムと GnRH ニューロンの活動周期

これまでは，おもに魚類の性成熟の内分泌機構について説明してきた．魚類の産卵リズムとホルモンに関する脳レベルでの研究は多くはないが，ここではヒメダカ（ミナミメダカ *Oryzias latipes* の変異種）で最近報告された知見について紹介する．

野生のメダカは本来，春季の水温上昇が産卵開始要因となり，夏季にかけて産卵するが，この際に日長は関与しない．その後，秋季の短日により産卵が終了する．そこで，ヒメダカを長日条件下で十分に餌を与えて飼育すると，一年中，照明点灯後の一定の時間内に産卵を行うことが知られていた．この規則的なリズムに関係すると考えられる脳内の GnRH1 ニューロンの変化が，東京大学理学部の研究グループによって明らかにされた．ヒメダカの脳は小型であるため，脳全体を取り出して培養液中でしばらくの間，生かしておくことができる．研究グループはこの特徴を利用して，脊椎動物を通じて初めて，GnRH1 ニューロンの活動電位を生体内での状態を保持したまま記録することに成功した．その結果，長日条件下で毎日産卵を繰り返しているヒメダカでは，GnRH1 ニューロンの活動電位の発生頻度が午後の時間帯に増加することを明らかにした．そして，「この活動電位の発生頻度の増加が排卵を誘発する GnRH サージ（一過性の大量分泌）を誘起し，結果的に下垂体からの LH サージを引き起こす」という興味深い仮説を提唱している[10-5]．

10.6　生殖リズムの要である日長情報を伝えるホルモン：メラトニン

10.4 節で述べたように，自然条件下で飼育したサクラマスでは，一部の雄は雌と異なり，0 歳の 6 月ごろから精巣が発達し始め，9 月ごろに排精する個体（早熟雄）が現れる（**図 10.2**）．この早熟雄の排精時期は，6 月からの短日処理で早まり，反対に，長日処理では遅れることが実験的に明らかにされている．すなわち，日長時間を調節することによって，サクラマス早熟雄の排精時期を制御することが可能である．すると，日長情報がどのように視床下部－下垂体－生殖腺軸に伝達されるのかという興味が生じる．それ

10.6 生殖リズムの要である日長情報を伝えるホルモン：メラトニン

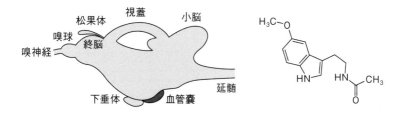

図10.7 サクラマスにおける松果体と血管嚢の位置およびメラトニンの構造

に関わると考えられるのが，**メラトニン**というホルモンである．メラトニンは終脳（ヒトの大脳に相当する）の上部に位置する**松果体**で産生される（図10.7）．サケ科魚類などには，松果体の上部に皮膚の色素沈着が少なくて光透過性の高い，いわゆる，松果体窓が存在し，松果体が光を受容しやすくなっている．メラトニンは，化学構造的にはインドール化合物と呼ばれる物質であり，必須アミノ酸のトリプトファンから合成される．魚類においても他の脊椎動物と同様に，メラトニンの血中濃度および松果体での存在量は，夜間に高く，昼間に低い明瞭な日周リズムを示すことが知られている．人工的な明暗条件下では，メラトニンの分泌量は暗期に高く明期に低くなるので，短日条件下で多く長日条件下では少なくなる．したがって，メラトニンが日長情報を脳に伝達して，結果的に性成熟を制御することが考えられる．そこで，サクラマス0歳魚早熟雄をモデルとして検討が行われた．

6月から10月の期間，4時から20時まで照明をつけた長日条件下で飼育したサクラマス0歳魚早熟雄に，毎日11時にメラトニンを混ぜた餌を与えて血中のメラトニン濃度を増加させ，血中のパターンを長日型から短日型に変えた．その結果，メラトニン経口投与で，GSI，血中テストステロン濃度，および下垂体GTH量の増加が対照群に比較して早まった．このように，サクラマスにおいては，メラトニンが日長情報の伝達に関わり性成熟を制御する要因の1つであることが示唆された[10-6]．しかし，それだけでは説明ができない点も残されており，日長情報がどのように脳に作用するのかの詳細については不明であったが，最近，その一端が明らかとなった．下垂体の後方に存在する魚類に特有の**血管嚢**と呼ばれる器官（**図10.7**）が重要な働きを

していることがわかったのであるが，これについては後述する（10.7節）．

　ところで，興味深いことに，日長ではなく月からの光刺激を繁殖活動の動機に利用している魚類も存在する．たとえば，沖縄のサンゴ礁に棲息するアイゴ類（スズキ目）は，特定の月齢に月1回の産卵を繰り返すことが観察されている．ゴマアイゴ（*Siganus guttatus*）を潮汐の影響のない水槽で飼育しても産卵は同じ月齢付近で観察されることから，潮汐ではなく，月光の強さが産卵に影響すると考えられている．それでは，月光の強さがどのように作用するのであろうか？　そのカギとなるのもメラトニンである．ゴマアイゴにおいて真夜中の血中メラトニン濃度は，新月のときが満月のときよりも高いことが報告されている．この結果は，アイゴ類は夜間のわずかな明るさの差をメラトニンというホルモン情報に変換して利用している可能性を示している[10-7]．

10.7　サケ科魚類の光センサー：血管嚢

　鳥類や哺乳類においては，下垂体隆起葉（りゅうきよう）（詳細は11章「鳥類の光周性とホルモン」を参照）が季節繁殖を制御する中枢となっているが，魚類には下垂体隆起葉は存在しない．一方，魚類には血管嚢と呼ばれる独特の器官が存在する．これは下垂体の後方に位置し，上皮に王冠細胞と支持細胞をもつ洞（どう）様血管叢（ようけっかんそう）を主体とする赤色の器官である（図10.7）．この器官の存在は300年以上前から知られていたが，その機能については長い間，不明であった．最近，名古屋大学と宇都宮大学の研究グループを中心として，サクラマス早熟雄を用いてその機能が検討された[10-8]．血管嚢の王冠細胞において，季節繁殖を制御する重要な遺伝子群（甲状腺刺激ホルモン（TSH）βサブユニット遺伝子，2型脱ヨウ素酵素（DIO_2）遺伝子など）やロドプシン・ファミリー遺伝子群が発現していた．さらに，血管嚢を単離して培養すると長日条件下でTSHβ遺伝子発現量とDIO_2遺伝子発現量が増加すること，血管嚢を摘出されたサクラマスは短日条件下においても成熟が進行しないことなども明らかになった．つまり，血管嚢は日長を測る「光センサー」として機能することがわかったのである．今後は，血管嚢の「光センサー」でとらえられたシ

グナルが，どのような経路で視床下部 - 下垂体 - 生殖腺軸に作用するのかの解明が待たれる．さらに，日長によって性成熟が制御される他の魚種においても血管嚢が「光センサー」として機能するのかについても検討することが必要であろう．

10.8 今後の展望

前述したように，日長ではなく水温によって産卵が制御される場合もある．一般に，体表の温度受容器は，脊髄から出る神経の終末に存在すると考えられている．さらに，視床下部の一部（視索前野／視床下部吻側部）に温度感受性ニューロンが存在することが，カワマス（*Salvelinus fontinalis*）などの魚種で知られている．では，季節繁殖を制御する「温度センサー」なるものは存在するのであろうか？　それが存在するとすれば，どこにあり，そしてどのように視床下部 - 下垂体 - 生殖腺軸に作用するのかなど，まだまだ興味は尽きない．

本章では，環境要因として日長に重点をおいて，魚類の生殖リズムとホルモンについて概説した．詳しくは，章末に掲げた他の成書も必要に応じて参照されたい．

コラム 10.1
哺乳類の性成熟に重要なキスペプチンは魚類でも重要か？

キスペプチン（Kiss）は当初，がん細胞の新規の転移抑制因子として発見された．その後，哺乳類では，キスペプチンニューロンの軸索が GnRH ニューロンの近傍へ投射すること，GnRH ニューロン上にキスペプチン受容体が発現すること，さらに，キスペプチンの投与が GnRH 放出を促進することなどが明らかとなった．魚類においては，2004 年にナイルティラピア（*Oreochromis niloticus*）の脳からキスペプチン受容体のオーソログ遺伝子（異なる生物に存在する相同な機能をもつ遺伝子）である *kissr2* が同定され，魚類にもキスペプチンシステムがあることが示された．その後，いくつかの

魚種からは遺伝子重複によると考えられる2種類のパラログ，すなわち kiss (kiss1 と kiss2) および受容体 (kissr1 と kissr2) が報告されている．しかし，魚類におけるキスペプチンの機能に関する研究は少なく，そのうえ以下に示すように魚種により結果がさまざまであり，現時点においては統一的な見解は得られていない．

　ナイルティラピアやストライプトバス (Morone saxatilis) では GnRH1 ニューロン上にキスペプチン受容体が発現する．マダイ (Pagrus major) の雌においては，脳内 GnRH1 量が最初の産卵期（3歳の4～5月）にピークを呈することが知られていた．最近，産卵期の前後において，視床下部の Kiss2 遺伝子発現ニューロンの数も GSI と同様の変化を示すことがわかり，マダイにおいては Kiss2 が GnRH1 と共同して性成熟を制御すると考えられている．マサバ (Scomber japonicus) の脳内には，Kiss1 と Kiss2 が存在する．それぞれの受容体は脳内に広く存在するが，下垂体には Kiss2 の受容体のみが存在する．キスペプチンを雌のマサバの脳室内に投与すると，GnRH1 遺伝子発現が減少し，GTH 遺伝子発現が増加する．これらの結果は，マサバではキスペプチンが GnRH と GTH に直接的に作用することを示唆する[10-9]．一方，ヨーロピアンシーバス (Dicentrarchus labrax) やメダカにおいては GnRH1 ニューロン上にキスペプチン受容体は検出されず，キスペプチンは視床下部-下垂体-生殖腺軸の活性化に直接的には関与しないことが示唆されている．

　以上の結果は，魚類の視床下部-下垂体-生殖腺軸におけるキスペプチンの生理的役割については，魚種ごとに検討する必要があることを示す．それと同時に，同じホルモンの機能が動物種によって異なるという比較内分泌学の奥深さ・興味深さを表しているように筆者には思える．

コラム 10.2
研究に要する時間の話

　筆者は学部4年次から修士課程2年次にかけて，魚類の生殖リズムを解明するために，水産庁養殖研究所日光支所（当時）の養殖池で飼育されてい

> るサクラマスをモデルとして，発生から性成熟に至るまでの3年間にわたって，成長・性成熟とGnRHとの関連を調べた．1～2か月ごとに，飼育池から魚を取り上げ，麻酔した後に体長と体重を測定し，採血した．その後，頭部を解剖し，脳（嗅球，終脳，視床下部などの部位ごとに分割した）と下垂体を摘出し，ドライアイスで瞬間凍結した．次に生殖腺を摘出して雌雄を判別し，GSIの算出のために重量を測定後，ブアン液で固定した．研究室に戻って，脳と下垂体からGnRHを抽出し，RIAでGnRH量を測定した．3年間を費やすので，簡単にはやり直しのできない研究であったが，多くの方々のご指導とご協力で完遂(かんすい)することができた．この研究で得られたデータは，筆者自身の今後の研究を進めるための貴重なデータとなった．この成果は学術論文として発表したが，当然のことながら，論文の作成には3年以上を要した．論文中のグラフの横軸の単位は「分」でも「時間」でも「日」でもなくて「月」である．このように時間のかかる研究もある．もちろん，冬眠のリズムの研究などのようにもっと時間のかかる研究もある．筆者はこれまでにいくつかの学術論文を発表しているが，この論文は最も思い入れのある論文である．

10章 参考書

会田勝美・金子豊二 編（2013）『増補改訂版 魚類生理学の基礎』恒星社厚生閣．

海老原史樹文・井澤 毅 編（2009）『光周性の分子生物学』シュプリンガー・ジャパン．

板沢靖男・羽生 功 編（1991）『魚類生理学』恒星社厚生閣．

岡 良隆（2012）『基礎から学ぶ神経生物学』オーム社．

10章 引用文献

10-1) Duston, J., Bromage, N. (1987) Gen. Comp. Endocrinol., **65**: 373-384.

10-2) 大久保範聡（2007）比較内分泌学会ニュース，**126**: 2-12.

10-3) Amano, M. *et al.* (2002) Cell Tissue Res., **309**: 323-329.

10-4) Amano, M. *et al.* (1992) Zool. Sci., **9**: 375-386.

10-5) Karigo, T. *et al.* (2012) Endocrinology, **153**: 3394-3404.

10-6) Amano, M. *et al.* (2000) Gen. Comp. Endocrinol., **120**: 190-197.

10-7) Takemura, A. *et al.* (2006) J. Pineal Res., **40**: 236-241.

10章　魚類の生殖リズムとホルモン

10-8) Nakane, Y. *et al.* (2013) Nature Commun., **4**, Article number 2108.
10-9) 大賀浩史（2015）比較内分泌学，**41**: 75-79.

11. 鳥類の光周性とホルモン

新村 毅・吉村 崇

　冬眠，渡り，さえずりなど，動物のさまざまな行動は，季節に応じて変化する．カレンダーをもたない動物がどのように季節を知り，環境の季節変化に適応しているのかは謎に包まれていた．鳥類は空を飛ぶため，洗練された季節適応能力を有することが知られているが，鳥類に着目した最近の研究から動物たちが季節を感じるしくみが明らかになってきた．本章では，とくに繁殖活動の季節制御に着目して，鳥類が季節を感じるしくみについて解説する．

11.1　鳥類の季節リズム

　一年中食料が豊富にある熱帯地域では，さまざまな動物が年間を通じて繁殖活動を行っており，このような動物を**周年繁殖動物**という．一方，温帯よりも緯度の高い地域では四季が存在するため，次世代がすくすくと成長できるように，気候が穏やかで食料が豊富な春から夏にかけて産卵，出産する**季節繁殖**という戦略がとられている．私たちは1年を通して，ニワトリやウズラの卵を食することができるが，じつはニワトリやウズラも自然界ではおもに春から夏にかけて産卵する．

　季節によって変動する環境因子としては，日長，気温，降水量などが挙げられるが，ほとんどの生物は日長（光周期）の情報をカレンダーとして利用しながら，さまざまな行動や生理機能を適応させている．このように日長の変化に対して生物が示す反応を**光周性**（photoperiodism）と呼ぶ．気温や降水量は冷夏，暖冬あるいは，空梅雨に見られるように，年ごと，あるいは日ごとに大きく変動する．一方，春分，夏至，秋分，冬至は毎年決まった時期に訪れることから，生物が日長の情報を手がかりとしているのはきわめて理にかなっている．

11章 鳥類の光周性とホルモン

図 11.1 は渡り鳥の 1 年を示している．渡り鳥はまだ冬が厳しい時期に，渡りに備えて換羽を行うとともに，摂食を亢進して脂肪を蓄積する．その後，春の渡りを無事終えると，渡った先でなわばりを形成し，巣作りをするとともに，求愛する．これらの過程を経て，初めて交尾を行い，産卵に至るのである．つまり，動物たちは環境が好転した時に，その場しのぎの思いつきで行動しているわけではなく，毎年繰り返される環境の変化を予知して，計画的に行動しているのである．

鳥たちは産卵を開始した後，一旦産卵を停止し，卵を温める「抱卵行動」をとる．その後，雛が孵化すると育雛し，雛が巣立ったら，再び産卵から育雛を繰り返す．その間，日長は夏至に向けて延長し続けるが，多くの渡り鳥は，夏至を迎える前に繁殖活動を自動的に停止する**光不応**（photorefractoriness）という現象を示す．光不応を迎えると，換羽を行い摂食量が亢進する．その後，秋の渡りによって，もとの場所へと戻っていき，1 年の営みが完了する．産卵を停止して，抱卵，育雛，光不応を起こす際には血液中のプロラクチンの濃度が上昇するため，これらの現象にプロラクチンが関与していることが

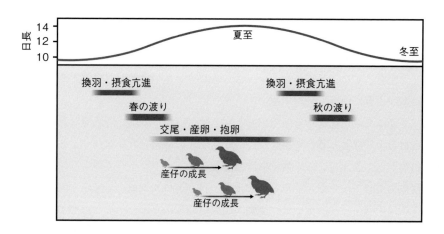

図 11.1　渡り鳥（ウズラ）の 1 年間の行動イベント
多くの鳥類は夏至を迎える前に光不応を示す．夏季に本州中部以北で繁殖し，冬季は本州中部以南で越冬する．ウズラは光不応を示さないため，秋まで産卵を続ける．

示唆されている．プロラクチンは哺乳類においては乳汁分泌や母性行動に関与することが知られているが，授乳をしない鳥類においても抱卵，育雛などの母性行動に関係するのは興味深い．

11.2 光周性研究のモデル動物としての鳥類

多様な動物種の中でも，鳥類はとくに洗練された光周性を示すことが知られているが，これは鳥類が空を飛ぶために進化させた生存戦略と考えられている．たとえば，鳥類は空を飛ぶために，体をできる限り軽くする必要があり，骨の中にも空洞をもつなど，軽量化している．また非繁殖期には，精巣や卵巣などの生殖腺を性成熟前の未分化な状態にまで退縮させて軽量化し，飛翔を容易にさせる．しかし，ひとたび渡った先で繁殖期に入ると，生殖腺を急激に発達させ，わずか2週間程度で，生殖腺の重さが100倍以上にもなる（図11.2）．鳥類においては，黄体形成ホルモン（luteinizing hormone：LH），濾胞刺激ホルモン（follicle-stimulating hormone：FSH）といった生殖腺刺激ホルモン（ゴナドトロピン）は，非繁殖期にはほとんど血中に分泌されていないが，非繁殖状態である短日条件から繁殖状態の長日条件に移すと，長日に移行した1日目の終わりには血中濃度が増加し始める．このように，鳥類は日長の変化に対して，急速かつ劇的な光周反応を示すため，光周性研究の優れたモデルになりうると考えられてきた[11-1]．

鳥類の中でも，さまざまな分野において最も研究が盛んに行われている種は，ニワトリ（*Gallus gallus domesticus*）であるが，原産地が季節の明瞭でない熱帯地方であることと，ヒトの手によって長年にわたって

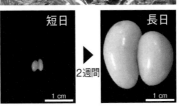

図11.2 ウズラとウズラの精巣の季節変化

育種改良されたことが相まって，ニワトリには明瞭な光周性は存在しないと考えられている[11-2]．その一方で，ウズラ（*Coturnix japonica*）は英名をJapanese quailというように，古（いにしえ）の時代より日本から中国にかけて生息し，室町時代に我が国で家禽（かきん）化された動物である．したがって，原産地が温帯で，ニワトリに比べ家禽化の歴史も浅いため，明瞭な光周性を示すことがわかっている[11-1]（図11.2）．

さらに，ウズラはニワトリに比べて小型で扱いやすいため，古くから実験動物として用いられており，科学的な知見も多い．このような理由から，光周性の研究にはウズラが盛んに用いられてきた．

11.3 鳥類の光周性の生理学的研究

1960年代から90年代にかけてウズラを用いて生理学的な実験が行われた．初期にはさまざまな光条件にウズラを暴露する実験が行われた．たとえば，ウズラは日長が11時間半よりも短いと精巣の発達が抑制されているが，12時間を超えると劇的に発達し，繁殖活動を始める．このように短日条件，長日条件の境界となる日長を**臨界日長**（critical photoperiod）と呼ぶ．つまり，ウズラは11時間半と12時間の30分の日長の違いを明確に区別できるのである．また，ウズラが長日を認識する際には，連続した明期が必要なわけではなく，短日条件下であっても夜の中央付近に存在する**光感受相**（photosensitive phase），あるいは**光誘導相**（photoinducible phase）と呼ばれる位相に光を浴びれば，長日と認識することが示された．これらの結果から，ウズラが日長を測定する際には，約24時間の時を刻む概日時計が関与していることが示された[11-3]．

また，光周性を制御する中枢が探索された結果，**視床下部内側基底部**（mediobasal hypothalamus：MBH；図11.3）の正中隆起（median eminence：ME）と漏斗核（ろうとかく）（infundibular nucleus：IN）を含む領域，あるいは視床下部背側部（dorsal hypothalamus：DH）を電気的に破壊すると，長日条件においてもLHの分泌と精巣の発達が抑制されることが示された[11-4]．さらにウズラに長日刺激を与えたときに，細胞の活性化のマーカーである

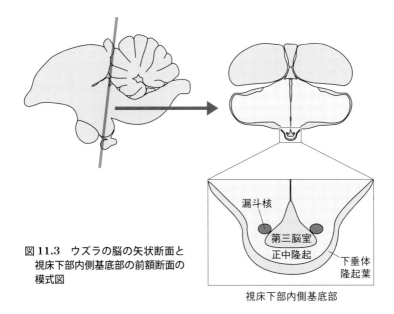

図 11.3　ウズラの脳の矢状断面と視床下部内側基底部の前額断面の模式図

c-Fos の発現部位を見ると，ME と IN 周辺で細胞が活性化することが示された[11-5]．また，ウズラは眼がなくても光周反応を示し，脳の中で光を感じることが知られていたが，ウズラの MBH に発光ビーズや光ファイバーを使って局所的に光を照射すると，精巣が発達することも明らかにされた[11-6]．以上の一連の研究から，光周性の制御中枢は，脳内の MBH に存在すると考えられるようになったのである．

11.4　光周性を制御する甲状腺ホルモン

上述のとおり，生殖腺の発達には，必ずしも連続した明期が必要ではなく，光感受相と呼ばれる特定の時間帯に光を浴びることが重要であることが示されていた[11-3]．そこで光感受相に光を照射したウズラと，照射していないウズラから採取した MBH を用いてディファレンシャル解析が行われ，光周性を制御する鍵遺伝子が探索された．その結果，甲状腺ホルモンの活性化酵素（2 型脱ヨウ素酵素：DIO2）をコードする *dio2* 遺伝子が，MBH において光誘導を受けることが明らかとなった[11-7]．DIO2 は，甲状腺から分泌される

低活性型の甲状腺ホルモンの**チロキシン**（thyroxine：T$_4$）を，活性型ホルモンの**トリヨードチロニン**（triiodothyronine：T$_3$）に変換する酵素である（図11.4）．また，その後の研究で *dio2* が，短日条件では発現量が低く，長日条件では高くなる一方で，甲状腺ホルモンを代謝する**甲状腺ホルモン不活性化酵素**（3型脱ヨウ素酵素：DIO3）をコードする *dio3* 遺伝子は，短日条件で発現量が高く，長日条件で低いことも明らかになった[11-8]．すなわち，MBHにおいては，短日条件で甲状腺ホルモンが DIO3 によって不活性化される一方で，長日条件では DIO2 によって活性化される．このことにより，春から

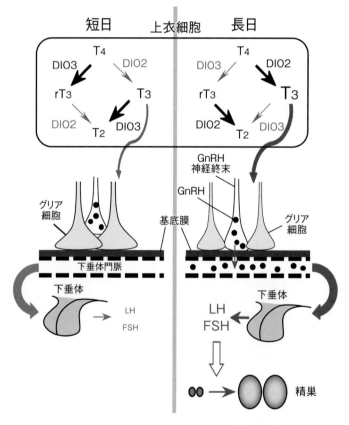

図 11.4　甲状腺ホルモンの代謝と脳の形態の季節変化
（引用文献 11-10 を改変）

夏にかけて MBH で局所的に活性型の甲状腺ホルモン（T_3）の濃度が上昇し，季節繁殖が制御されることが明らかになったのである（図 11.4）．

次に，MBH で局所的に産生された T_3 が，精巣を発達させるしくみについても解説しよう．脊椎動物の生殖腺は，視床下部 - 下垂体 - 生殖腺軸（hypothalamus-pituitary-gonadal axis：HPG axis）によって制御されており，視床下部から分泌される**生殖腺刺激ホルモン放出ホルモン**（gonadotropin-releasing hormone：GnRH）によって，下垂体前葉から LH と FSH が分泌され，精巣や卵巣が発達する．一般的に甲状腺ホルモンは代謝を高め，熱産生に働くホルモンとして知られているが，脳内においては神経系の発達や可塑性に関与することが報告されている．MBH の最下部にあり下垂体に接している ME（図 11.3）には，GnRH ニューロンの神経終末が達しているが，ME に位置するグリア細胞に甲状腺ホルモン受容体の発現が確認された[11-7]．このことから MBH で局所的に産生された T_3 は，ME を介して GnRH の季節性の分泌を制御している可能性が考えられた．そこで，電子顕微鏡を用いて ME の超微細構造を検討したところ，日長の変化にともなって，ニューロン・グリア間の形態の変化が観察された．すなわち，短日条件下ではグリア細胞が GnRH ニューロンの神経終末を包み込み，GnRH の分泌を阻害しているのに対し，長日条件下ではグリア細胞による GnRH ニューロンの神経終末の包み込みが減少する．その結果，GnRH ニューロンの神経終末が下垂体門脈と隣接する基底膜に直接接し，GnRH の分泌を可能にしていた[11-9]（図 11.4）．これらの観察から，長日刺激によって MBH で局所的に産生された T_3 が，ME の形態を変化させ，GnRH の分泌を可能にすることで，精巣の発達が起こることが明らかになったのである（図 11.4）．

11.5　春告げホルモン TSH

光周性の鍵遺伝子である *dio2* および *dio3* が同定された 2003 年当時は，鳥類のゲノム情報が欠如していたため，ゲノム情報がなくとも解析が進められるディファレンシャル解析が用いられた．しかし 2004 年 12 月に，ニワトリの祖先種と考えられている赤色野鶏（*Gallus gallus*）のドラフトゲノムが

11章 鳥類の光周性とホルモン

解読されことにともなって，鳥類においても網羅的な遺伝子発現解析が可能となった．事実，ニワトリのドラフトゲノムの解読直後に約3万個の遺伝子の発現量を一度に検討できるニワトリマイクロアレイ（ニワトリDNAチップ）が発売された．ウズラはニワトリと同じキジ目キジ科に属し，ニワトリと非常に近縁なため，両者のDNAの塩基配列は高度に保存されており，ゲノム情報を相互に活用できる．そこでウズラを短日条件から長日条件に移した際の時系列サンプルにおいて，マイクロアレイ解析が行われ，日長の変化にともなって発現量が変化する遺伝子が網羅的に解析された．その結果，長日1日目の明期開始から14時間後に，下垂体の付け根にある**下垂体隆起葉**（pars tuberalis：**PT**；図11.3）において**甲状腺刺激ホルモンβサブユニット遺伝子**（*tshb*）の発現が誘導されることが明らかとなった [11-11]（図11.5）．この*tshb*の発現誘導は前述した*dio2*の発現誘導に約4時間先行していたことから，TSHが*dio2*の発現を制御していることが期待された．実際，*dio2*の発現していたMBHの脳室上衣細胞（ependymal cell：EC）に甲状腺刺激ホルモン受容体（TSHR）が存在していた．また，短日条件下で飼育されたウズラの脳室内にTSHを投与したところ，*dio2*の発現誘導と精巣の発達が確認された [11-11]．これらの結果から，長日刺激によってPTで産生され

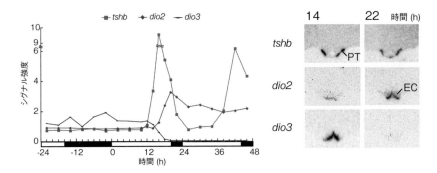

図11.5　長日刺激による*tshb*，*dio2*，*dio3*の発現量の変化
左図はマイクロアレイ解析の結果を，右図は *in situ* hybridization 法によるオートラジオグラフィーを示す．長日1日目の明期開始から14時間後に，*tshb*の発現が一過的に上昇し，それから約4時間遅れて*dio2*および*dio3*の発現が変動する（引用文献 11-11 より改変）．

るTSHがウズラの脳に春を知らせ，季節繁殖の開始の引き金となる「春告げホルモン」であることが明らかになった．これまでの生物学の常識では，TSHはその名前の示す通り，甲状腺を刺激し，甲状腺ホルモンの合成と分泌を促すことで，代謝や発達を制御するホルモンであった．しかし，ウズラの光周性の研究を通じて，TSHには脳に春を伝える「春告げホルモン」としての新しい機能があることが明らかとなったのである．また，それまで機能未知の組織であったPTが日長の情報を伝達する重要な中継地であることも明らかになった．

11.6 鳥類の光周性を制御する脳深部光受容器

上述のように，長日刺激によってPTで合成されるTSHが光周性の中心的な制御因子であることが明らかになったが，最初の光情報がどこでどのように受容されるのかについては謎だった．ヒトを含む哺乳類では，眼が唯一の光受容器官であるが，哺乳類以外の脊椎動物には，眼の他に松果体や脳内にも光受容器が存在することが知られていた．脳内の光受容器については，ミツバチの8の字ダンスで有名なカール・フォン・フリッシュ（Karl von Frisch）の発見にさかのぼる．フリッシュは淡水魚であるヒメハヤ（*Phoxinus laevis*）の脳深部に光を局所的に照射すると，体色が変化することを1911年に明らかにし，脳深部に光受容器が存在することを指摘していた．その後，眼球を摘出したアヒル（*Anas platyrhynchos*）が光周反応を示すこと[11-12]，またスズメ（*Passer domesticus*）の頭皮の下に墨汁を入れて脳深部に光を届かなくすると光周反応が阻害されることが示され[11-13]，鳥類も脳深部で光を感じることが決定的となった．その後，ウズラの脳内の局所的な光照射実験により，MBH付近と前脳の外側中隔野(がいそくちゅうかくや)周辺に脳深部光受容器が存在する可能性が指摘されていた[11-6]．

眼の網膜には，薄暗い所で薄明視を司る桿体(かんたい)細胞と，明るい所で明所視を司る錐体(すいたい)細胞が存在し，これらの光受容細胞には，ロドプシン類と称される光受容分子が存在する．ニワトリのゲノム配列から，ロドプシン類に属する遺伝子が探索され，それらの発現がウズラの脳内において検討された．その

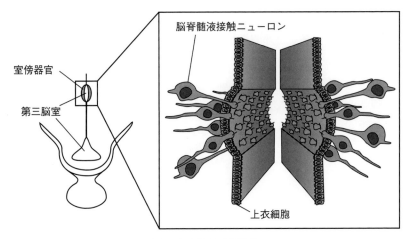

図 11.6 室傍器官と脳脊髄液接触ニューロン

結果,オプシン5(*opn5*)と呼ばれる遺伝子がMBHの室傍器官(paraventricular organ：PVO)で発現していることがわかった[11-14](図 11.6).オプシン5は,当初マウスの脳からクローニングされたものの,光応答性が明らかになっていない機能未知のロドプシン類であった.さらに,詳細な局在の解析から,オプシン5は「脳脊髄液接触ニューロン」で発現していることが明らかになった[11-14](図 11.6).脳脊髄液接触ニューロンは,繊毛構造をもち,発達段階の松果体や網膜に存在する光受容細胞と形態的に似ていることから,古くから光受容細胞である可能性が疑われていた.したがって,脳脊髄液接触ニューロンで発現するオプシン5が,光周性の起点となる脳内光受容器であることが期待された.

そのことを証明するためには,オプシン5が本当に光受容分子として機能していることを示す必要があった.そこで,本来光に反応しないアフリカツメガエル(*Xenopus laevis*)の卵母細胞にオプシン5を強制発現させ,電気生理学的な手法によって光応答性の解析が行われた.その結果,オプシン5は短波長の光に感受性を示す光受容分子であることが明らかとなった.さらに最近の研究で,オプシン5を発現している脳脊髄液接触ニューロンが直接光に応答することがパッチクランプ法によっても確認されている[11-15].また,

11.6 鳥類の光周性を制御する脳深部光受容器

目隠しと松果体除去を施したウズラに短波長の光を照射しても，光周反応を示すことが確認されたことから[11-14]，ウズラの脳内で新たに発見されたオプシン5が，光周性を制御する脳内光受容器であることが証明された．ただし，オプシン5の局在しない外側中隔野などの部位への局在的な光照射や，オプシン5の吸収波長ではない長波長の光照射によっても光周反応が観察されることから，実際にはオプシン5だけではなく，複数の光受容分子が季節の読み取りに関わっていると考えられる．太陽光にはさまざまな波長の光が含まれているため，複数の光受容器を使って幅広い波長の光を感知しながら，季節を感じていると考えるのが自然である．

本章ではウズラの研究を通じて明らかにされた，季節を感じる一連の情報伝達経路について解説してきた（図11.7）．しかし，動物が日長をどのように測定しているのかという光周性の本質は明らかにされていない．今後の研究で概日時計が日長を測定するしくみが解明されることが期待される．

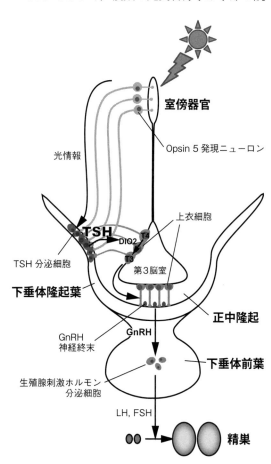

図11.7 季節繁殖を制御する情報伝達経路
（引用文献11-14を改変）

コラム 11.1
体内時計に支配されるニワトリのコケコッコー [11-16]

　ニワトリのコケコッコーという発声は，古くはインダス文明（紀元前2600〜1800年頃）の時代から，時を告げるものとして用いられていたと記録されている．日本でも，ニワトリは，太陽神・天照大神（あまてらすおおみかみ）が隠れた洞窟の前で鳴声をあげて，天照大神を迎え出し，闇を払い，再び太陽を取り戻す役割を担ったと古事記に記されている．ニワトリのコケコッコーは，これほど古くから利用されており，今では「ニワトリは朝に鳴く」という現象は良く知られたものであるにも関わらず，驚くことに，最近までこの現象の背後にあるしくみは謎に包まれたままだった．

　ニワトリが朝鳴くということは良く知られていた一方で，朝以外の時間にも鳴き声を耳にした人も少なくないだろう．すなわち，コケコッコーがニワトリ自身の体内時計によって制御されているのか，あるいは周囲の光や他のニワトリの声という刺激によって制御されているのかは不明のままだった．

　筆者らは，まずコケコッコーのリズムを記録した．その結果，12時間点灯：12時間消灯にした明暗条件下においては，点灯前から予知的に鳴き始めることがわかった．次に，1日中薄暗い条件で飼育したところ，ニワトリの体内時計が刻む約23.7時間の周期でコケコッコーのリズムが刻まれた．これらのことから，夜明け前の予知的なコケコッコーは，ニワトリ自身の体内時計によって制御されていることが示された．

　また，ニワトリは車のヘッドライトなどに照らされると鳴くことが知られているように，光を照射したり，他のニワトリの声を聞かせたりしてもコケコッコーと鳴くこともわかった．しかしながら，それらの光や音の刺激をさまざまな時刻に提示したところ，コケコッコーの誘導は朝付近の時刻にしか生じないことがわかった．すなわち，光や音によって誘導されるコケコッコーも，やはりニワトリ自身の体内時計によって制御されていることが明らかとなったわけである．

11.6 鳥類の光周性を制御する脳深部光受容器

図 11.8 コケコッコーと鳴くニワトリ
(写真提供：中根右介博士)

11章 引用文献

11-1) Follett, B. K. *et al.* (1998) "Biological Rhythms and Photoperiodism in Plants" Lumsden, P. J., Miller, A. J. eds., BIOS Scientific Publsihers Ltd., p. 231-242.

11-2) Ono, H. *et al.* (2009) Anim. Sci. J., **80**: 328-332.

11-3) Follett, B. K., Sharp, P. J. (1969) Nature, **223**: 968-971.

11-4) Sharp, P. J., Follett, B. K. (1969) Neuroendocrinology, **5**: 205-218.

11-5) Meddle, S. L., Follett, B. K. (1997) J. Neurosci., **17**: 8909-8918.

11-6) Homma, K. *et al.* (1979) "Biological Rhythms and Their Central Mechanism" Suda, M. *et al.* eds., Elsevier/North-Holland Biomedical Press, p. 85-94.

11-7) Yoshimura, T. *et al.* (2003) Nature, **426**: 178-181.

11-8) Yasuo, S. *et al.* (2005) Endocrinology, **146**: 2551-2554.

11章 鳥類の光周性とホルモン

11-9) Yamamura, T. *et al.* (2004) Endocrinology, **145**: 4264-4267.

11-10) Ikegami, K., Yoshimura, T. (2012) Mol. Cell Endocrinol., **349**: 76-81.

11-11) Nakao, N. *et al.* (2008) Nature, **452**: 317-322.

11-12) Benoit, J. (1935) C. R. Soc. Biol., **118**: 669-671.

11-13) Menaker, M. (1970) Proc. Natl. Acad. Sci. USA, **67**: 320-325.

11-14) Nakane, Y. *et al.* (2010) Proc. Natl. Acad. Sci. USA, **107**: 15264-15268.

11-15) Nakane, Y. *et al.* (2014) Curr. Biol., **24**: R596-R597.

11-16) Shimmura, T., Yoshimura, T. (2013) Curr. Biol., **23**: R231-R233.

12. 哺乳類の生殖リズムとホルモン

束村博子

　哺乳類の生殖の特徴は，誕生した子が自ら栄養を摂れるようになるまでの間，母乳により育つことにある．少なく産んで，大切に育てるという哺乳類の生殖戦略を可能とするため，とりわけ哺乳類の雌にとって，**リズム（周期性）**が重要になってくる．また，正常な生殖機能の維持には，脳と生殖腺との間の「**ホルモン**」によるケミカルコミュニケーションが重要な役割を担う．本章では，リズムに焦点を当てつつ，哺乳類の生殖をコントロールするホルモンの役割を概説する．

12.1　哺乳類の生殖戦略

　生殖は子孫を残すための機能である．生物の生物たる由縁が，自分の子孫を残すことにあるなら，生殖を制御するメカニズムは生物が有する機能のうちで最も重要と言えるかもしれない．生殖には有性生殖と無性生殖があるが，地球上の生物の多くの種は有性生殖により子孫を残す．有性生殖の最大の利点は，父と母の両性から遺伝子を受け継ぎ，子孫の遺伝子に多様性をもたらすことにある．遺伝子の多様性により，生物はさまざまな外的環境の変化に適応できる表現型をもつチャンスが増えることになる．本章でとりあげる哺乳類は，もちろん有性生殖によって子孫を残す．哺乳類が産む子の数は，魚類や両生類など他の脊椎動物と比べてはるかに少なく，また子は誕生後に，自ら食物を食べられるようになるまで母乳によって育つ．したがって，哺乳動物の卵巣内では，限られた数の卵が成熟し，**排卵**に至る．一方，雄の精巣内では，数多くの精子がつくられる．雄は，発情した雌と出会うと交尾し，自分の遺伝子を残そうとする．このように，雄と雌では，生殖における役割が異なるので，両性の間には生殖を制御するしくみに違いがあり，それらをホルモンがコントロールしている．

12.2 生殖におけるリズム（周期性）

哺乳類の生殖に関わる事象には，さまざまなリズム（周期性）がある．雌の生殖に関わる周期として，**生殖周期**がある．哺乳類の雌では，卵胞発育期を経て排卵した後に交尾・受精し，黄体期，妊娠期を経て，分娩および哺乳（泌乳）を完了し，その後，卵胞発育期に戻るという生殖のリズムがある（**図12.1**）．これを**完全生殖周期**という．しかしながら，排卵時にいつでも妊娠が成立するわけでない．その場合は排卵の後，黄体期および黄体退行期を経て，妊娠が成立しないまま次の卵胞発育期に移行する．この周期を，**不完全生殖周期**と呼ぶ．

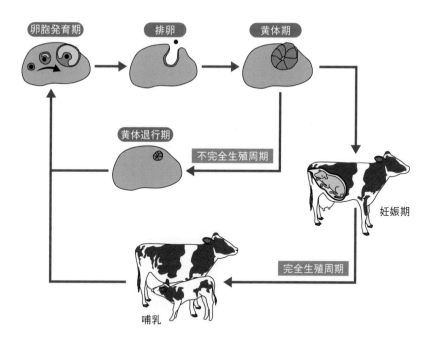

図 12.1　完全生殖周期と不完全生殖周期
妊娠が成立した場合の周期を完全生殖周期という．一方，妊娠が成立しない場合は卵胞発育期，排卵，黄体期，および黄体退行期を繰り返すものを不完全生殖周期という．

12.2 生殖におけるリズム（周期性）

不完全生殖周期において，哺乳類の雌は，**性周期**，**発情周期**，あるいは**月経周期**と呼ばれる周期的な卵胞発育，排卵を繰り返す．この周期の呼び方や長さは，動物種によって異なる．たとえば，ウシ（*Bos taurus*），ヒツジ（*Ovis aries*）やヤギ（*Capra hircus*）などは，卵胞発育期（約1週間），排卵，黄体期（約2週間）からなる約3週間の性周期をもつ．ウシの行動をよく観察すると，雌同士の乗駕（じょうが）行動などで発情期を見つけることができる．一定間隔で発情行動が繰り返されるため，発情周期と呼ぶことも多い．ヒトを含む霊長類では，黄体期の後に月経が起こる．月経が一定の周期で繰り返されることから，この周期を月経周期と呼ぶことが一般的である．ヒトの場合は，卵胞発育期，排卵，黄体期に月経（1週間）を加えた計4週間が，月経周期の長さとなる．マウス（*Mus musculus*）やラット（*Rattus norvegicus*）などの小型の哺乳類では，黄体期がないため，性周期の長さは，4日もしくは5日と短くなる．このため，排卵の頻度があがり，妊娠が成立するチャンスが増えるという利点がある．マウスやラットのように機能的な黄体が形成されない動物を，**不完全性周期動物**と呼ぶ（図12.2）．一方，ヒト，サル（たとえばニホンザル *Macaca fuscata*），ウシ，ヒツジ，ヤギなど黄体期を有する動物を，**完全性周期動物**と呼ぶ．これまで述べてきた動物は，周期の長さや呼び名は異なるが，いずれも自発的に排卵を繰り返す．これらの動物は，**自然排卵動物**と呼ばれる．一方で，雄との交尾がきっかけとなり排卵する**交尾排卵動物**としてウサギ（たとえばアナウサギ *Oryctolagus cuniculus*；カイウサギはアナウサギを家畜化したもの），ネコ（*Felis silvestris catus*），スンクス（*Suncus murinus*）などが知られており，これらの動物では，排卵に周期性はない．

哺乳類の雌では，周期的に排卵が繰り返されるが，雄の生殖腺の活動には，後述する季節性を除けば，このような周期性はみられない．この違いは雌雄の配偶子の役割の違いを考えることで理解できる．すなわち，卵は，受精後の発生に必要な栄養を蓄えたり，細胞小器官などを細胞質に含有するため大きな細胞となる．一方，精子は運動性をもつ小さな細胞である．多数の精子が卵に向かうことで，受精が成功する．卵は透明帯（卵を取り囲む透明なタンパク質の膜）や卵丘（らんきゅう）細胞に取り囲まれている．精子の頭部には，卵丘細胞

12章 哺乳類の生殖リズムとホルモン

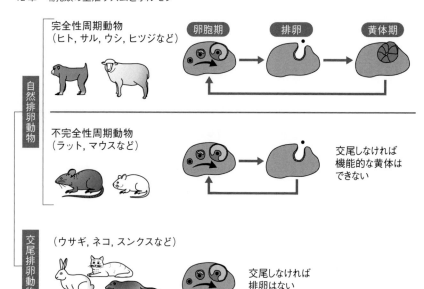

図12.2 完全性周期動物と不完全性周期動物
自然排卵動物のうち，ヒト，サル，ウシ，ヒツジなど黄体期を有する動物を完全性周期動物と呼び，機能的な黄体期を有さないラットやマウスを不完全性周期動物と呼ぶ．一方で，交尾排卵動物は，交尾刺激によって排卵するので，性周期は有さない．

や透明帯を突破するための酵素がある．よって，最終的に1つの精子が卵にたどり着き，受精に至るためには，多く（数千万〜約1億個/mL）の精子が必要である．すなわち，雄は周期性をもたず，精子をたゆまず形成し続けることになる．一方，雌の生殖には周期性があり，卵が十分に成長することが可能となる．

周期を考えるときに，周期の時間的な長さによって整理することができる（図12.3）．周期は，年ごとに起こる**概年周期**（circannual rhythm），1日ごとの**概日周期**（circadian rhythm），周期が24時間未満の**超日周期**（ultradian rhythm）などに大別される．概年周期については，**季節繁殖**の項目（12.5節）で詳細に述べる．概日周期は，ラットやマウスの排卵周期と深い関わりをもつ．また，超日周期については，雌雄の動物の配偶子の発育に重要な**生殖腺刺激ホルモン（GTH）**の分泌動態を例として次の項目で述べる．

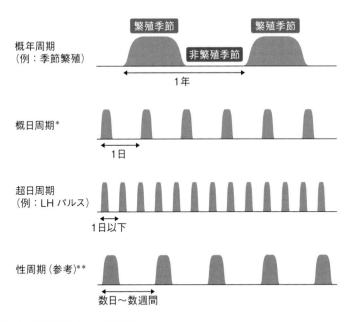

図 12.3　周期の長さによる分類
周期は，年ごとに起こる概年周期，1 日ごとの概日周期，周期が 24 時間未満の超日周期などに大別される．概年周期の例として挙げた季節繁殖動物では，繁殖季節と非繁殖季節を毎年周期的に繰り返す．＊概日周期としては，ラットの LH サージ中枢への生物時計からの入力が例に挙げられる．卵巣除去を施した雌ラットにエストロゲンを慢性投与すると LH サージが毎日の夕刻に起きる．超日周期の例として，生殖腺刺激ホルモン放出ホルモン（GnRH）/ 黄体形成ホルモン（LH）のパルス状分泌がある．
＊＊参考として，数日〜数週間で排卵を繰り返す性周期（排卵周期，発情周期，月経周期とも呼ばれる）を挙げた．いずれも，詳細については本文を参照されたい．

12.3　生殖に関わるホルモンと性周期

　哺乳動物の卵巣や精巣の機能は，**視床下部‐下垂体‐生殖腺軸**と呼ばれる一連の神経内分泌機構によって維持される（**図 12.4**）．視床下部から下垂体門脈血に分泌される**生殖腺刺激ホルモン放出ホルモン（GnRH）**により下垂体前葉からの GTH が放出され，これにより生殖腺での配偶子形成や性ステロイドホルモン分泌が刺激される．GTH には，**黄体形成ホルモン（LH）**と**濾胞刺激ホルモン（FSH）**とがある．雌の場合は**エストロゲン**（いわゆる女

12章 哺乳類の生殖リズムとホルモン

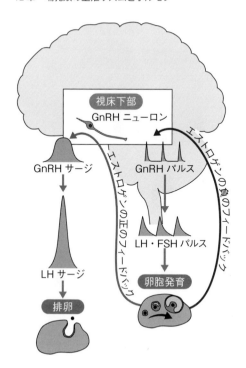

図12.4 哺乳類の雌の生殖を調節するメカニズム（模式図）
哺乳類の生殖機能は，視床下部-下垂体-生殖腺軸と呼ばれる神経内分泌機構により制御される．発育中の小さな卵胞から分泌される低濃度のエストロゲンは視床下部に抑制的に作用し（負のフィードバック），GnRH ひいては LH や FSH のパルス状分泌を抑制する．卵胞が成熟して血中エストロゲン濃度が上昇すると，一転してエストロゲンは GnRH/LH 分泌に対して促進的に作用し（正のフィードバック），GnRH/LH サージを誘起し，排卵を引き起こす．

性ホルモン），雄の場合は**アンドロゲン**（いわゆる男性ホルモン）がおもな**性ステロイドホルモン**である．

　GnRH は，排卵直前以外の時期では**パルス状**に分泌される．そのため，その支配下にある GTH 分泌もパルス状となる（**図12.4**）[12-1]．下垂体門脈血の GnRH 濃度を測定することが困難なことから，GnRH パルスの指標として，LH 分泌を観察する場合が多い．GnRH/LH パルス状分泌の頻度は動物種によって異なり，ウシやヤギ，ヒツジなどでは約1時間から数時間に1回，ネズミなど小さな動物では 20〜30 分に1回である[12-2]．GnRH/LH パルスは，超日周期の例である．GnRH の分泌がパルス状を呈することには，重要な意味がある．GnRH がパルス状に分泌されると，下垂体前葉の GTH 産生細胞（ゴナドトロフ）が GnRH パルスに応答して，LH や FSH をパルス状に分泌する．しかし，GnRH を持続的に投与すると，ゴナドトロフの GnRH への反応性が下がり，LH や FSH の分泌がかえって抑制されてしまう[12-3]．この

効果は，**パラドキシカルエフェクト**（逆説的効果）と呼ばれており，臨床にも応用されている（コラム 12.1）．このパラドキシカルエフェクトは同時に，GnRH がパルス状に分泌されることの重要性を示している．

> **コラム 12.1**
> **GnRH のパラドキシカル効果の応用例**
>
> 　パラドキシカル効果の応用例として，GnRH やその作動薬（GnRH と同じ作用をもつ薬物）の徐放性製剤による子宮内膜症や前立腺がんの治療が挙げられる．エストロゲンは子宮内膜の，アンドロゲンは前立腺の刺激因子であるため，これら性ステロイドホルモン分泌を抑制することが治療につながる．GnRH を慢性的に投与することにより，LH や FSH の分泌が抑制され，結果的に卵巣や精巣からの性ステロイドホルモン分泌が抑制される．この GnRH のパラドキシカル効果が，子宮内膜症や前立腺がんの治療に利用されているのである．

雌の哺乳類において，LH や FSH パルスの頻度は，性周期中のどの時期（フェーズ）かによって異なる．**卵胞発育期**には，パルス頻度が徐々に上昇し，これにより卵胞が大きく発育し，エストロゲン分泌が増加していく．卵巣に発育途中の小さな卵胞しかないときには，血中のエストロゲン濃度は低い．このような低濃度のエストロゲンは，上位中枢に対して**負のフィードバック効果**をもち，GnRH 分泌や GTH のパルス状分泌を抑制する（図 12.4）．負のフィードバックは，GnRH/LH といった上位のホルモン分泌を微調整し，それらのホルモンが過不足なく分泌されるためのメカニズムであると考えられる．ところが，卵胞が十分に発育し，血中エストロゲン濃度が高まると，一転してエストロゲンの**正のフィードバック効果**が働き，GnRH の大量分泌（サージ）を促す．これにより，LH の大量放出（**LH サージ**）が引き起こされ，排卵が起こる．つまり，エストロゲンの血中濃度の増加により，十分に発育した卵胞が卵巣内に存在することが視床下部に感知され，排卵を促すための **GnRH/LH サージ**が引き起こされるのである．エストロゲンは，同時に雄の交尾刺激に対する雌の許容行動を引き起こす．排卵と性行動が同期して

起こることにより，妊娠が成立するという絶妙なしくみである．排卵後はエストロゲンの血中濃度は急激に減少するとともに，卵胞組織から黄体が形成されて，妊娠維持に重要なプロゲステロンが分泌されるようになる．プロゲステロンもまた，GnRH/LH パルスを抑制する効果をもつ．妊娠が成立しなかった場合は，黄体は一定期間後に退行する．黄体期の長さは，ほとんどの場合2週間であり，この長さが性周期の長さを決めているといえよう．

ラットやマウスなどの齧歯類の GnRH/LH サージは，概日周期と深い関係があることが知られている．たとえば，性成熟後の雌のラットの卵巣を摘出し，高濃度のエストロゲンを慢性的に投与すると，午後5時ごろをピークとする LH サージが毎日観察される．このことは，齧歯類の GnRH/LH サージを制御する中枢に対して，**生物時計**から何らかの入力があることを示している．生物時計の中枢は，**視交叉上核**と呼ばれる神経核に存在することが古くから示されている[12-4]．おそらく，視交叉上核から GnRH/LH サージ中枢への，直接あるいは間接的な神経入力があると考えられる．一方で，ヒト，ヒツジやウシなどの LH サージは，時刻とは関係なく起こる．これらの動物では，エストロゲンに感作された時間の長さに依存して LH サージが起こると考えられている．よって，これらの動物では，生物時計からの GnRH/LH サージ中枢への入力はないと考えられる．

一般に，哺乳類の雄では精巣から分泌されるアンドロゲンは GnRH/LH のパルス状分泌に対して抑制的な効果，すなわち負のフィードバックのみを示す．雄から精巣を除去すると血中の LH 濃度が上昇し，さらにこのような動物にアンドロゲンを投与すると，LH 分泌が抑制される．この負のフィードバック機構によって，血中アンドロゲン濃度は，常にほぼ一定に保たれており，精子形成が適正にコントロールされていると考えられる．

12.4 キスペプチンニューロンによる生殖機能の制御と生殖リズム

最近の研究により，2001年に発見された**キスペプチン**と呼ばれる神経ペプチドが，哺乳類の生殖機能を最も上位から支配することがわかってきた（コラム 12.2 参照）．GnRH ニューロンには，**キスペプチン受容体（GPR54）**が

コラム 12.2
キスペプチンの発見とその役割

　GnRHが1971年に同定されて以来，ちょうど30年を経た2001年に生殖機能をさらに上位から制御する神経ペプチドが発見された．これが**キスペプチン**である．キスペプチンは，*Kiss1*遺伝子にコードされるペプチドであり，**GPR54**と呼ばれる**オーファン受容体**（リガンドが未知の受容体）の内因性リガンドとして発見された[12-8]．当初は*Kiss1*遺伝子ががん転移抑制因子遺伝子（metastasis suppressor gene）として報告されていたことに因んで**メタスチン**（metastin）と命名されたが，現在では，とくに生殖に関する分野においてキスペプチンの名が定着している．2003年に，成人になっても性成熟を示さないヒトの一部に，GPR54遺伝子に突然変異があることが発見され，さらにGPR54遺伝子をノックアウトしたマウスでは性成熟が起こらず，生殖腺が極端に萎縮することが報告された[12-9]．これらの報告から，キスペプチンとその受容体GPR54が生殖機能にきわめて重要であることが明らかとなった．

　GnRHニューロンにGPR54遺伝子が発現しており[12-10]，キスペプチンはGnRHやGTHの放出に対して強力な促進効果をもつ．また*Kiss1*ノックアウトラットでは，LHのパルスおよびサージ状分泌が消失することから[12-11]，キスペプチンはGnRH分泌を直接刺激することにより，視床下部-下垂体-生殖腺軸を制御する最上位の中枢であることが明らかとなった．現在では，ブタやヤギなどの家畜をはじめ，サルや交尾排卵動物であるスンクスにおいても[12-5, 12-12〜14]，キスペプチン-GPR54系が生殖機能を最上位から制御していることが明らかになり，この系が哺乳類において種を越えてGnRH分泌の制御を介して生殖を制御すると考えられている．

　脊椎動物の多くには，*Kiss1*もしくはそのパラログ遺伝子が見つかっているが，今のところ，*Kiss1*遺伝子産物すなわちキスペプチンが生殖を第一義的に制御することが確実にわかっているのは哺乳類だけである．魚類には*kiss1*およびパラログ遺伝子*kiss2*の両方，もしくはそのいずれかが脳内に発現していることが確かめられているものの，その生理的な役割には不明な点が多い[12-15]．また，興味深いことに鳥類には*kiss1*や*kiss2*遺伝子は発見されていないことから，鳥類では別のメカニズムによりGnRH分泌の制御が行われていると考えられる．

発現しており，キスペプチンは直接 GnRH ニューロンを刺激することによって，下垂体からの GTH 分泌を刺激する．GnRH/LH パルスの発生機構や，性ステロイドホルモンによる GTH への負と正のフィードバックメカニズムの詳細は長く謎であったが，その謎がキスペプチンニューロンの発見によって明らかになりつつある．

哺乳類の雌の脳内において，キスペプチンニューロンの細胞体は，視床下部の前方および後方の2つの神経核に分かれて分布している[12-5]．視床下部の前方のキスペプチンニューロンの細胞体は，ラットやマウスでは**前腹側室周囲核（AVPV）**に（図 12.5），サルやヤギでは**視索前野（POA）**に局在している．AVPV と POA は，ともに古くから排卵と深く関わる中枢と考えられてきた神経核である．キスペプチンニューロンの細胞体が認められるもう1つの神経核は，視床下部内側基底部にある**弓状核（ARC）**である．現在ま

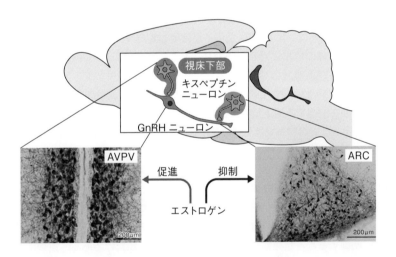

図 12.5　キスペプチンニューロンの脳内分布（ラットの例）
　キスペプチンニューロンの細胞体は，視床下部前方にある前腹側室周囲核（AVPV）および視床下部基底部にある弓状核（ARC）の2つに分布している．AVPV におけるキスペプチンの発現はエストロゲンにより促進され，一方 ARC では抑制される．さまざまな状況証拠により，前者は GnRH/LH サージを制御する排卵中枢，後者は GnRH/LH パルスを制御する卵胞発育中枢であるとの説が有力である．

でに調べられたすべての哺乳類において，ARC に多数のキスペプチンニューロンの細胞体があることが確かめられている．

これら視床下部前方および後方のキスペプチンニューロンには，**エストロゲン受容体α**が発現する．**エストロゲン**はこの受容体に結合して，**キスペプチン遺伝子（Kiss1）**の発現量を調節している．興味深いことに，エストロゲンは，キスペプチンニューロンが分布する神経核によって，促進的に働いたり抑制的に働いたりする．エストロゲンは，AVPV/POA における *Kiss1* およびその産物であるキスペプチン発現を促す．一方で，エストロゲンは，ARC におけるこれらの発現を抑制する[12-5]．これまでのさまざまな研究成果によって，AVPV/POA のキスペプチンニューロンが，エストロゲンによる正のフィードバックを仲介して GnRH/LH サージを誘起することがわかってきた．よって，AVPV/POA のキスペプチンニューロンは，排卵を制御する最上位の中枢であると考えられる．12.2 節で述べたように，概日周期との強いリンクがあるラットやマウスでは，生物時計からの情報が GnRH/LH サージ中枢，すなわち AVPV に局在するキスペプチンニューロンに対して，何らかの入力があるものと考えられる．一方，ARC のキスペプチンニューロンは，性ステロイドホルモンによる負のフィードバック中枢であると考えられる．現在では，ARC のキスペプチンニューロンが，**GnRH/LH パルス**を制御し，卵胞発育中枢としての役割をもつとの説が有力である．超日周期の例である GnRH のパルス状分泌を制御する脳内機構は，これまで **GnRH パルスジェネレーター**と呼ばれていたが，その実体は長い間謎であった．ARC のキスペプチンニューロンには，促進性の**ニューロキニン B** と抑制性の**ダイノルフィン A** と呼ばれる 2 つの神経ペプチドが共存している．これらのペプチドの働きにより，キスペプチンがパルス状に分泌され，GnRH パルスを制御していると考えられる[12-5]．

12.5　季節繁殖と光周期

毎年ある一定の季節に限定して繁殖する動物を**季節繁殖動物**という．このように年周期で繰り返し起こる事象は，概年周期の一例である．季節繁殖動

物では，1年のうちのある季節に限って生殖腺が発達し，交尾して妊娠することができる．高緯度に生息する動物の多くは季節繁殖性を示すようである．季節繁殖は，1日の明暗サイクル，すなわち**光周期**と深い関係があることがわかっている．季節繁殖動物は，春先から夏にかけて日長（1日のうち，日が照っている時間の長さ）が長くなる季節に繁殖する**長日繁殖動物**と，秋口から冬にかけて日長が短くなる時期に繁殖する**短日繁殖動物**とに大別される．

　短日繁殖動物の代表的な動物は，ヒツジやヤギである．これらの動物では，日長が短くなる秋口から冬にかけて，LHやFSHの血中濃度が上昇し，雌雄ともに生殖腺の活動が活発になる．ヒツジやヤギの雌は，繁殖季節の間，約21日の性周期を繰り返す．この間に妊娠が成立した場合は，約半年の妊娠期間を経て，翌年の春から夏にかけて子どもを産む．一方，長日繁殖動物の代表例は，ハムスター（たとえばシベリアンハムスター *Phodopus sungorus*）やウマ（*Equus caballus*）である．これらの動物は，日長が長くなる春先から夏にかけて，雌雄ともに生殖腺の活動が活発になる．ハムスターの妊娠期間は約1か月である．よって，ハムスターが交尾して妊娠した場合は，同じ年の春から夏の間に子を産む．一方，妊娠期間が約1年のウマは，翌年の春に子どもを産むことで，餌が豊富な季節に子育てができる．このように，長日・短日繁殖動物のいずれの場合も，餌となる草が豊富な春から夏にかけて子どもを産む[12-6]．季節繁殖は，動物が生息環境に戦略的に適応した結果であると考えられる．

　さて，動物はどのように季節を知ることができるのだろう．季節繁殖動物の中で，そのメカニズムがよく調べられているのは，ヒツジ，ヤギ，およびハムスターである．これらの動物では，1日の日長によって季節を感知することが確かめられている．たとえば短日繁殖動物のヒツジの場合，**長日条件**（1日24時間のうち明期が長く，暗期が短い照明条件）で飼育すると血中のGTH濃度は低く押さえられ，雄では精巣のサイズは小さくなる．これらの動物を，**短日条件**（明期が短く暗期が長い照明条件）に移して飼育すると，GTH濃度が上昇し，精巣が大きく発達する．一方，長日繁殖動物であるハ

ムスターでは，短日条件で生殖腺の活動が抑制され，長日条件でその活動が活発になる[12-7]．

光周期の感知には，**松果体**から分泌される**メラトニン**というホルモンが関わっていることが知られている．メラトニンは，暗期に血中濃度が上昇し，一方明期にはその濃度が下がる．このホルモンが，「夜のホルモン」とも呼ばれる由縁である．目から光刺激が入ると上頸交感神経節を経由して松果体へと光情報が伝わり，メラトニンの合成が抑制されるため，昼間はメラトニン分泌が抑えられるというしくみである．

メラトニンが日長を動物に伝える役割について，ヒツジを用いた興味深い結果が報告されている．まず，ヒツジの松果体を取り除き，内因性のメラトニンを分泌できないようにする．この状態で，短日あるいは長日条件を模するようにメラトニンを投与する．すると，目から入る日長条件に関わらず，投与したメラトニンの条件（短日型あるいは長日型を模する投与条件）に応じて，生殖腺の活動が活性化あるいは不活性化したのである[12-6]．また，ハムスターにおいても，松果体を除去すると日長の変化に対応した生殖腺の変化を示さなくなる．このことは，ヒツジやハムスターは，日長の長さを血中のメラトニンの分泌パターン（24時間のうち，どのくらいの時間，血中メラトニン濃度が高いか）によって感知していることを示している．このように，動物は日長をおもな刺激として季節を感知し，生殖機能が制御されると考えられる．

12.6　哺乳類の生殖リズムの意義

本章では，哺乳類の生殖を制御するメカニズムについて，とくにリズム（周期性）に焦点を当てて概説した．哺乳類の子は，出生後，自ら餌を確保できるようになるまで，母乳からの栄養に依存して育つ．この点で，哺乳類以外の動物種と大きく異なる．妊娠が成立した場合には，母親はさまざまな場面で，栄養を確保することが必要である．泌乳中の母親は，乳汁生産のためにとりわけ多くの栄養を必要とする．本章では，生殖に関わる周期性として，卵が十分に育つために性周期があることをはじめ，栄養の豊富な季節に分娩

12章 哺乳類の生殖リズムとホルモン

するための季節繁殖（概年周期）まで，さまざまな周期の意義を述べた．これらの周期は，生物が自分の子孫を残すために獲得した戦略的な適応といえるだろう．

12章 参考書

日本比較内分泌学会 編（1992）『ホルモンの生物科学 6 ホルモンと生殖Ⅲ』学会出版センター．

日本繁殖生物学会 編（2013）『繁殖生物学』インターズー．

Plant, T. M., Zeleznik, A. J. eds. (2014) "Knobil and Neill's Physiology of Reproduction" 4th edition, Elsevier, Amsterdam.

12章 引用文献

12-1) Moenter, S. M. *et al*. (1992) Endocrinology, **130**, 503-510.

12-2) Minabe, S. *et al*. (2011) J. Reprod. Dev., **57**, 660-664.

12-3) Knobil, E. (1980) Rec. Prog. Horm. Res., **36**, 53-88.

12-4) Inouye, S. T., Kawamura, H. (1979) Proc. Natl. Acad. Sci. USA, **76**, 5962-5966.

12-5) Maeda, K. -I. *et al*. (2010) Brain Res., **1364**, 103-115.

12-6) Karsch, F. J. *et al*. (1984) Rec. Prog. Horm. Res., **40**, 185-232.

12-7) Reiter, R. J. (1984) "Neuroendocrine Perspectives", Vol. 3, Muller, E.E., MacLeod, R.M., eds., Elsevier, Amsterdam, p. 345-377.

12-8) Ohtaki, T. *et al*. (2001) Nature, **411**, 613-617.

12-9) Seminara, S. B. *et al*. (2003) N. Engl. J. Med., **349**, 1614-1627.

12-10) Messager, S. *et al*. (2005) Proc. Natl. Acad. Sci. USA, **102**, 1761-1766.

12-11) Uenoyama, Y. *et al*. (2015) J. Neuroendocrinol., **27**,187-197.

12-12) Tomikawa, J. *et al*. (2010) Biol. Reprod., **81**, 313-319.

12-13) Watanabe, Y. *et al*. (2014) J. Neuroendocrinol., **26**, 909-917.

12-14) Inoue, N. *et al*. (2011) Proc. Natl. Acad. Sci. USA, **108**, 17527-17532.

12-15) Kanda, S., Oka, Y. (2015) "Handbook of Hormones", Subchapter 1B, p. 10-13.

略　語　表

AANAT：arylalkylamine *N*-acetyltransferase（アリルアルキルアミン *N*- アセチルトランスフェラーゼ）
ACTH：adrenocorticotropic hormone（副腎皮質刺激ホルモン）
ARC：arcuate nucleus（弓状核）
AVPV：anteroventral periventricular nucleus（前腹側室周囲核）
CCAP：crustacean cardioactive peptide（甲殻類心臓作用性ペプチド）
CG：chorionic gonadotropin（絨毛性生殖腺刺激ホルモン）
CHH：crustacean hyperglycemic hormone（甲殻類血糖上昇ホルモン）
CPM：circadian pacemaker（概日ペースメーカー細胞）
CRH：corticotropin-releasing hormone（副腎皮質刺激ホルモン放出ホルモン）
D1, D2, D3：type 1, type 2, type 3 iodothyronine deiodinase（1 型, 2 型および 3 型ヨードチロニン脱ヨウ素酵素）
DH：dorsal hypothalamus（視床下部背側部）
EH：eclosion hormone（羽化ホルモン）
EMS：ethylmethane sulfonate（メタンスルホン酸エチル）
ER：estrogen receptor（エストロゲン受容体）
ETH：ecdysis triggering hormone（脱皮行動解発ホルモン）
FSH：follicle-stimulating hormone（濾胞刺激ホルモン）
GnRH：gonadotropin-releasing hormone（生殖腺刺激ホルモン放出ホルモン）
Gp：glycoprotein（糖タンパク質）
GSI：gonadosomatic index（生殖腺体重比）
GTH：gonadotropin（生殖腺刺激ホルモン）
HIOMT：hydroxyindole O-methyltransferase（ヒドロキシインドール O- メチル転移酵素）
HPG-axis：hypothalamus-pituitary-gonadal axis（視床下部 - 下垂体 - 生殖腺軸）

略 語 表

IGF-I：insulin-like growth factor I（インスリン様成長因子I）
IGR：insect growth regulator（昆虫成長制御剤）
IN：infundibular nucleus（漏斗核）
IRD：inner ring deiodination（内側芳香環脱ヨウ素化）
JH：juvenile hormone（幼若ホルモン）
LAT：L-type amino acid transporter（L型アミノ酸輸送体）
LH：luteinizing hormone（黄体形成ホルモン）
MBH：mediobasal hypothalamus（視床下部内側基底部）
MCT：monocarboxylate transporter（モノカルボン酸輸送体）
ME：median eminence（正中隆起）
MF：methyl farnesoate（ファルネセン酸メチル）
MHC：major histocompatibility complex（主要組織適合性複合体）
MIH：molt-inhibiting hormone（脱皮抑制ホルモン）
MOIH：mandibular organ-inhibiting hormone（大顎器官抑制ホルモン）
NAT：N-acetyltransferase（N-アセチルトランスフェラーゼ）
NIS：Na^+/I^- symporter（ナトリウム・ヨウ素共輸送体）
NPF：neuropeptide F（神経ペプチドF）
OATP：organic anion-transporting polypeptide（有機アニオン輸送ポリペプチド）
ORD：outer ring deiodination（外側芳香環脱ヨウ素化）
PDF：pigment dispersing factor（色素拡散因子）
PDH：pigment dispersing hormone（色素拡散ホルモン）
Pej-SGP：*Penaeus japonicus* sinus gland peptide（クルマエビサイナス腺ペプチド）
PETH：preecdysis triggering hormone（前脱皮行動解発ホルモン）
POA：preoptic area（視索前野）
PTTH：prothoracicotropic hormone（前胸腺刺激ホルモン）
RPCH：red pigment concentrating hormone（赤色色素凝集ホルモン）
rT_3：3, 3',5'-triiodothyronine, reverse T_3（リバース T_3）
RXR：retinoid X receptor（レチノイドX受容体）
SCN：suprachiasmatic nucleus（視交叉上核）

SR：steroid hormone receptor（ステロイド受容体）
SS：somatostatin（ソマトスタチン）
T_3：3, 5, 3'-triiodothyronine（3, 5, 3'-トリヨードチロニン）
T_4：3, 5, 3', 5'-tetraiodothyronine（3, 5, 3', 5'-テトラヨードチロニン／チロキシン）
TBG：thyroxin binding globulin（チロキシン結合グロブリン）
TG：thyroglobulin（チログロブリン）
TH：thyroid hormone（甲状腺ホルモン）
TPO：thyroid peroxidase（甲状腺ペルオキシダーゼ）
TR：thyroid hormone receptor（甲状腺ホルモン受容体）
TRE：thyroid hormone response element（甲状腺ホルモン応答配列）
TRH：thyrotropin-releasing hormone（甲状腺刺激ホルモン放出ホルモン）
TRIAC：3, 3', 5-triiodothyroacetic acid（トリヨードチロ酢酸）
TSH：thyroid-stimulating hormone（甲状腺刺激ホルモン）
TTF：thyroid transcription factor（甲状腺特異的転写因子）
TTR：transthyretin（トランスサイレチン）
VIH：vitellogenesis-inhibiting hormone（卵黄形成抑制ホルモン）
WG1：first whole genome duplication（第1回全ゲノム重複）
WG2：second whole genome duplication（第2回全ゲノム重複）

索　引

アルファベット

B 細胞　93, 94
CHH 族　37
CRH　88, 113
D3　113
DNA 結合部位　103
doublesex　21
FSH　55
GnRH　52, 162, 164, 166, 171-173, 181, 193, 197
GnRH1　166, 172
GnRH2　166
GnRH3　166
GTH　5, 162, 194, 195, 197, 198, 200
Hox 遺伝子　45
IGR 剤　23, 24
Insecta　10
in vitro（イン ビトロ）の実験　84
JH　18, 21, 23, 24
K_m 値　106, 107
LH　56
L 型アミノ酸輸送体　105
MHC　94
MIH　34, 36, 40
Pitx　52
SCN　125, 126, 132, 133
T_3　85, 101, 110, 180, 181
T_4　85, 101, 110, 180
TRIAC　60
TSH　56, 110, 113
T 細胞　93, 94
V_{max}　107
WG1　56
WG2　56
X 器官　33, 41
Y 器官　33, 34, 37, 40

あ

アピカル細胞　90
アフリカツメガエル　口絵 B
アポトーシス　91
アホロートル　88
アラタ体　16, 20
アルドステロン　85
アルブミン　104
アンモシーテス　58

い

胃石　26
胃腺　69
位相反応曲線　144
位相反応性　124
インスリン　52
インスリン様成長因子 I　71
咽頭原基　52

う

ウーパールーパー　88
ウズラ　口絵 D

え

エクジステロイド　2, 33, 40
エストロゲン　53

お

オウロボロスタンパク質　83, 96
大顎　21
大顎器官　34, 40
大顎器官抑制ホルモン　36
オオムラサキ　口絵 A
オタマジャクシ（型）幼生　46, 59
オタマボヤ　47
尾鰭　89
温度補償性　124

か

外骨格　26
外鰓　89
概日時計　143, 178
概日リズム　5, 122-127, 131-133, 135, 138, 140, 143-145, 148, 149
海水適応能　70
害虫　23
外腸　67
概年リズム　121, 143
外部栄養　64
化学伝達物質　122
角質化　92
核受容体　100
ガザミ　口絵 A
過剰発現実験　82, 97
下垂体　49, 55
下垂体門脈　49
顎口類　45
ガラニン　52
カルシトニン　52
環境要因　6
幹細胞　93
完全変態　13, 15
間脳底部　49

索引

カンブリア紀 44
眼柄 33, 41

き

気管 14
鰭条 65
キスペプチン 6, 165, 166, 171, 172, 196, 197, 199
季節繁殖 5, 121, 170, 171, 175, 181, 183, 192, 199, 202
キチン 10, 26
基底細胞 91
気門 19
休眠 143, 152
境界動物 44
胸石 26
胸腺 93
巨大昆虫 14
巨大幼虫 20
許容作用 114
銀化 70, 166

く

クチクラ 26
クラシカル・スキーム 18, 19
クラスター 45
グリア細胞 114
クレチン病 100
クロマフェノジド 23

け

形態異常 74
系統樹 2
血液脳関門 114
血液脳脊髄液関門 116
血管嚢 169, 170
結紮 19

血中 T_3 117

こ

コアクチベーター 104
甲殻類 14, 26
甲殻類血糖上昇ホルモン 36
降河行動 71
口陥 49, 52
光周性 143, 152, 156, 170, 175, 177, 178, 181, 185
恒常環境 123
甲状腺 58, 82, 112
甲状腺細胞 101
甲状腺刺激ホルモン 68, 88, 101, 122, 170, 182
甲状腺刺激ホルモン放出ホルモン 52, 110
甲状腺特異的転写因子 59
甲状腺ペルオキシダーゼ 59, 101
甲状腺ホルモン 2, 57, 58, 68, 70, 73, 76, 181, 183
甲状腺ホルモン応答遺伝子 116
甲状腺ホルモン応答配列 103
甲状腺ホルモン受容体 85, 103, 114
甲状腺ホルモン不活性化酵素 180
甲状腺ホルモン輸送体 116
甲状腺ホルモン輸送タンパク質 104
甲状腺濾胞 101
合成阻害物質 59
口前器官 55
後発性変態 68
交尾 28
小林英司 6

コリプレッサー 104
コルチコステロン 5, 85
コルチゾル 68, 70, 79, 122
コロイド 58, 101
痕跡的な翅 21
昆虫綱 10
昆虫成長制御剤 23

さ

サーカディアンリズム 124, 127
サージ 168, 193, 195-199
再演性変態 68
鰓孔 59
再生 28
再生芽 28
サイナス腺 33, 41
鰓嚢 59
細胞死 84, 91
サイロスティムリン 52, 56
サクラマス 口絵D
殺虫 23
殺卵 23
蛹 13, 15
酸素濃度 15
産卵脱皮 30

し

翅芽 11, 16
仔魚 64
視交叉上核 125, 196
自己寛容 93
自己組織 93
視床下部 125, 133, 149, 159, 162, 164-166, 168, 170-172, 178, 179, 181, 193, 195, 197, 198
自切 28
櫛鱗 78

索　引

自由継続　150, 151
自由継続性　124
終齢幼虫　11
主観的暗期　128
主観的明期　128, 132
受精卵　79
視葉　145-147
松果体　6, 121, 122, 124, 126, 132, 133, 135, 138, 140, 169, 183-185, 201
漿尿膜　108
上皮　90
漿膜　108
食性　13
シラス型幼生　67
進化　6
神経細胞　114
神経索　52
神経腺　52
神経分泌　1
神経葉ホルモン　52
真正昆虫類　10
伸長鰭条　68
真皮　89

す

水温　76
錐体　133
スケイン細胞　90
ストレス　79
スモルト　70

せ

成魚　65
性決定遺伝子　21
成熟　73
成熟脱皮　30
生殖　28
生殖周期　41, 160, 190

生殖腺　91
生殖腺刺激ホルモン　5, 162, 177, 192
生殖腺刺激ホルモン放出ホルモン　162, 181, 193
生殖腺体重比　161
性ステロイドホルモン　5, 52, 68
生息域の拡大　13
成体型　4
成体型免疫細胞　97
成長　13
成長ホルモン　55, 71, 122
性的二型　21
生物時計　122, 160, 193, 196
脊索　45, 46, 48, 64, 65
脊索動物門　45
脊椎　45, 64
脊椎動物　2
脊椎動物亜門　45
セスキテルペノイド骨格　17
石灰化　26
赤血球　69, 89
節足動物　2
セレノシステイン　105
前胸腺　16, 33
前胸腺刺激ホルモン　18, 34, 149
前駆細胞　89
全ゲノムの重複　45
前方神経隆起　52
前幼虫仮説　16

そ

早熟変態　20
早成性　108
ゾエア　30, 32
阻害実験　82

組織特異性　85
ソニックヘッジホッグ　114
ソマトスタチン　110, 113

た

体温調節　110, 117
体内時計　5, 121, 122, 124-128, 131-133, 135, 137, 138, 140, 186
タキキニン　52
脱皮　10, 18, 26-28, 143
脱皮間隔　28
脱皮周期　26, 41
脱皮促進ホルモン　41
脱皮ホルモン　16, 18, 21, 23, 33, 34
脱皮抑制ホルモン　33
脱ヨウ素化　105
脱ヨウ素酵素　60, 113, 116
脱ヨウ素酵素群　85
タリア　46
炭酸カルシウム　26

ち

稚魚　65
着色型黒化　78
昼行性　122
腸管　90
直接発生　87, 90
直達発育　65
チロキシン　85, 101, 180
チロキシン結合グロブリン　104
チログロブリン　101
チロシン　100

つ・て

角　21
底生生活　32

3-デヒドロエクジソン 35
テブフェノジド 23
天敵 15
天敵昆虫 23

と

頭索動物 48
頭索動物亜門 45
糖タンパク質 56
同調 124, 126, 132, 133, 143, 144, 145, 148-150
同調性 124
時計遺伝子 122, 124, 126-128, 131, 132, 138, 140, 147-150
トランスサイレチン 104
トリヨードチロニン 180
3, 3', 5'-トリヨードチロニン 104
3, 5, 3'-トリヨードチロニン 85, 101

な

内顎類 10
内柱 52, 58
内部栄養 64
ナメクジウオ 口絵B, 45, 48

に

二次応答 95
日周リズム 5, 122, 133, 141
日長 6, 121, 135, 159, 160, 169-171, 175, 177, 178, 181-183, 185, 200, 201
尿膜 108
ニワトリ 口絵C

ぬ・ね

ヌタウナギ 45, 51, 57
ネオテニー 72, 87
粘液腺 89

の

脳 114
脳神経節 52
ノウプリウス 30, 32
ノックダウン実験 97

は

パー 70
バージェス頁岩 44
胚体外膜 108
培養液 84
ハチェック小窩 52, 53
白化 74
翅原基 13
母親由来 117
母親由来のホルモン 79
パラビオーシス 19
パラミオシン 48
繁殖 13
晩成性 108

ひ

比較内分泌学 7
鼻下垂体管 49, 50
鼻下垂体原基 50
光応答性 132
光不応 176
非ゲノム作用 104
尾索動物 46
尾索動物亜門 45
尾虫 46
ヒツジ 口絵D
20-ヒドロキシエクジソン 18, 24, 33, 35
皮膚 90
表皮 16, 89
ヒラメ 口絵B
ピリプロキシフェン 23

ふ

ファルネセン酸メチル 40
フィードバック 111, 113, 128, 131, 132, 145-147, 149-151, 195, 196, 198, 199
部域特異性 87, 96
フィロソーマ 32
フェノキシカルブ 20
孵化 90, 108, 117
不完全変態 13, 15
武器形質 21
副腎皮質 85
副腎皮質刺激ホルモン 55
副腎皮質刺激ホルモン放出ホルモン 110
付着突起 59
不妊化 23
フリーラン 123, 132
フリーランリズム 127
プレゾエア 32
プロラクチン 55, 68, 85, 122

へ

並体結合 19
変態 4, 10, 18, 65, 82

ほ

訪花昆虫 14
抱卵 32
ポストラーバ 32
ホヤ 45, 46, 52

索 引

ホルモン 1

ま

マウス 口絵 C
膜鰭 64
マダラスズ 口絵 D
繭 24

み・む

ミシス 32
無顎類 45
無翅 21
無変態 10

め

メガロパ 31, 32
メソプレン 23
メチマゾール 87
メラトニン 5, 121-123, 126, 131-133, 135, 138, 140, 141, 144, 152-156, 158, 169-170, 201
免疫寛容 94
免疫系 93
免疫抗原タンパク質 97
免疫細胞 93
免疫組織化学染色法 147, 148, 164

も

網膜 124, 126, 133, 145, 183, 184
モノカルボン酸輸送体 105

や

夜行性 122
ヤツメウナギ 45, 57

ゆ

遊泳肢 32
有顎類 45
有機アニオン輸送ポリペプチド 105
有翅昆虫 10
誘導 83
有用昆虫 23
輸管 52
輸送タンパク質 104

よ

蛹化 19
幼形成熟 87
幼若ホルモン 16, 17, 21, 40
幼生 4
幼生型 4
幼生器官 92

ヨウ素 58, 59, 100, 112
幼虫 15
幼虫脱皮 18, 19
幼虫齢期 16
羊膜 108

ら

ラジオイムノアッセイ 141, 162
ラトケ嚢 49
卵黄 118
卵黄形成抑制ホルモン 36
卵黄仔魚 64
卵黄嚢 108

り

リモデリング 98
両面有色 74
輪状ひだ 93

れ

レスキュー実験 82
レプトセファルス 67

ろ

六脚類 14
濾胞 58
濾胞上皮細胞 58

執筆者一覧 (アルファベット順)

天野 勝文 (あまの まさふみ)	北里大学海洋生命科学部　教授 (1, 10 章)
Veerle Darras	KU Leuven, Department of Biology　教授 (7 章)
飯郷 雅之 (いいごう まさゆき)	宇都宮大学農学部　教授 (8 章)
岩澤 淳 (いわさわ あつし)	岐阜大学応用生物科学部　教授 (7 章)
井筒 ゆみ (いづつ ゆみ)	新潟大学理学部　准教授 (6 章)
神村 学 (かみむら まなぶ)	農業・食品産業技術総合研究機構生物機能利用研究部門　上級研究員 (2 章)
窪川 かおる (くぼかわ かおる)	東京大学海洋アライアンス海洋教育促進センター　特任教授 (4 章)
大平 剛 (おおひら つよし)	神奈川大学理学部　准教授 (3 章)
新村 毅 (しんむら つよし)	自然科学研究機構基礎生物学研究所　特任助教 (11 章)
田川 正朋 (たがわ まさとも)	京都大学大学院農学研究科　准教授 (1, 5 章)
竹田 真木生 (たけだ まきお)	神戸大学　名誉教授 (9 章)
束村 博子 (つかむら ひろこ)	名古屋大学大学院生命農学研究科　教授 (12 章)
吉村 崇 (よしむら たかし)	名古屋大学大学院生命農学研究科　教授 (11 章)

謝　辞

　本巻を刊行するにあたり，以下の方々，もしくは団体にたいへんお世話になった．謹んでお礼を申し上げる（敬称略）．

写真・図版提供
坂本順司（1章），石崎宏矩，藤原晴彦，学研メディカル秀潤社（2章），石原勝敏，小嶋光浩，小暮純也，仲辻晃明，共立出版，東海大学出版部（3章），川島逸郎，野崎真澄（4章），有瀧真人，田中 克，中山耕至，KADOKAWA，東海大学出版部，日本水産学会（5章），Elsevier社（6章），平垣 進（9章），生田和正（10章），中根右介（11章），中村 翔（12章）

査　読
山口雅裕（6章）

執筆者推薦
中川好秋（2, 9章）

編者略歴

天野勝文（あまのまさふみ） 1963年 神奈川県に生まれる．1993年 東京大学 大学院農学系研究科 博士課程修了．博士（農学）．現在，北里大学 海洋生命科学部 教授．専門は水族生理学．

田川正朋（たがわまさとも） 1962年 大阪府に生まれる．1990年 東京大学 大学院理学系研究科 博士課程修了．理学博士．現在，京都大学 農学研究科 准教授．専門は魚類生理学．

ホルモンから見た生命現象と進化シリーズ Ⅱ
発生・変態・リズム ―時―

2016年8月1日 第1版1刷発行

検印省略	編　者	天野勝文 田川正朋
	発行者	吉野和浩
定価はカバーに表示してあります．	発行所	東京都千代田区四番町 8-1 電　話　03-3262-9166（代） 郵便番号 102-0081 株式会社　裳華房
	印刷所	株式会社　真興社
	製本所	牧製本印刷株式会社

社団法人
自然科学書協会会員

JCOPY 〈(社)出版者著作権管理機構 委託出版物〉
本書の無断複写は著作権法上での例外を除き禁じられています．複写される場合は，そのつど事前に，(社)出版者著作権管理機構（電話 03-3513-6969, FAX 03-3513-6979, e-mail: info@jcopy.or.jp）の許諾を得てください．

ISBN 978-4-7853-5115-1

© 天野勝文，田川正朋，2016　Printed in Japan

☆ ホルモンから見た生命現象と進化シリーズ ☆

<日本比較内分泌学会 編集委員会>
高橋明義(委員長)，小林牧人(副委員長)，天野勝文，安東宏徳，海谷啓之，水澤寛太

内分泌が関わる面白い生命現象を，進化の視点を交えて，第一線で活躍している研究者が初学者向けに解説します(全7巻).　　　各A5判／150〜280頁

Ⅰ　比較内分泌学入門 −序−　　　　　　　　　　和田　勝 著　　　近刊
Ⅱ　発生・変態・リズム −時−　天野勝文・田川正朋 共編　本体 2500 円＋税
Ⅲ　成長・成熟・性決定 −継−　伊藤道彦・高橋明義 共編　本体 2400 円＋税
Ⅳ　求愛・性行動と脳の性分化 −愛−
　　　　　　　　　　小林牧人・小澤一史・棟方有宗 共編　本体 2100 円＋税
Ⅴ　ホメオスタシスと適応 −恒−　海谷啓之・内山　実 共編　本体 2600 円＋税
Ⅵ　回遊・渡り −巡−　　　　　安東宏徳・浦野明央 共編　　　　近刊
Ⅶ　生体防御・社会性 −守−　　　水澤寛太・矢田　崇 共編　　　　近刊

☆ 新・生命科学シリーズ ☆

幅広い生命科学を，従来の枠組みにとらわれず，新しい視点で切り取り，基礎から解説します．

動物の系統分類と進化　　　　　　　　藤田敏彦 著　本体 2500 円＋税
動物の発生と分化　　　　　　浅島　誠・駒崎伸二 共著　本体 2300 円＋税
ゼブラフィッシュの発生遺伝学　　　　　弥益　恭 著　本体 2600 円＋税
動物の形態 −進化と発生−　　　　　　八杉貞雄 著　本体 2200 円＋税
動物の性　　　　　　　　　　　　　　守　隆夫 著　本体 2100 円＋税
動物行動の分子生物学　　　　　　　久保健雄 他共著　本体 2400 円＋税
動物の生態 −脊椎動物の進化生態を中心に−　松本忠夫 著　本体 2400 円＋税
植物の系統と進化　　　　　　　　　　伊藤元己 著　本体 2400 円＋税
植物の成長　　　　　　　　　　　　西谷和彦 著　本体 2500 円＋税
植物の生態 −生理機能を中心に−　　　　寺島一郎 著　本体 2800 円＋税
脳 −分子・遺伝子・生理−　石浦章一・笹川　昇・二井勇人 共著　本体 2000 円＋税
遺伝子操作の基本原理　　　赤坂甲治・大山義彦 共著　本体 2600 円＋税

(以下 続刊)

裳華房ホームページ　http://www.shokabo.co.jp/　　2016年8月現在